国家出版基金项目
NATIONAL PUBLICATION FOUNDATION

"十三五"国家重点出版物出版规划项目

光电子科学与技术前沿丛书

基于分子间电荷转移激发态的
有机光电子器件结构设计

李文连　张天佑　赵 波　晋芳铭／著

科学出版社
北 京

内 容 简 介

本书基于近三十年来新发展起来的有机光电子学，有机光电子学是无机光电子学(即无机半导体)的新发展。本书共分 6 章：第 1 章介绍有机分子间电荷转移机制及其 WOLED(白光有机发光二极管)器件结构设计，第 2 章介绍基于激基复合物的电致发光机制及其高效 OLED 器件研究，第 3 章介绍基于激基复合物主体的高效 OLED，第 4 章介绍基于分子内电荷转移的 TADF(热活化延迟荧光) OLED 研究，第 5 章阐述基于电荷转移激发态的有机太阳电池器件设计原理，第 6 章介绍基于分子间电荷转移机制的有机光探测器件研究。

本书适合于从事有机/无机光电子研究和开发的工程技术人员，以及物理、化学和功能器件和材料等相关领域的研究人员阅读，也可以作为本科学生的教材和参考书。

图书在版编目(CIP)数据

基于分子间电荷转移激发态的有机光电子器件结构设计/李文连等著. —北京：科学出版社，2019.1
(光电子科学与技术前沿丛书)

"十三五"国家重点出版物出版规划项目　国家出版基金项目
ISBN 978-7-03-059968-1

Ⅰ. 基…　Ⅱ. 李…　Ⅲ. 光电器件-光学设计　Ⅳ. TN202

中国版本图书馆 CIP 数据核字(2018)第 284999 号

责任编辑：张淑晓　高　微/责任校对：彭珍珍
责任印制：肖　兴/封面设计：黄华斌

科学出版社 出版
北京东黄城根北街 16 号
邮政编码：100717
http://www.sciencep.com
中国科学院印刷厂 印刷

科学出版社发行　各地新华书店经销
*
2019 年 1 月第 一 版　开本：720×1000　1/16
2019 年 1 月第一次印刷　印张：12 3/4
字数：258 000
定价：118.00 元
(如有印装质量问题，我社负责调换)

"光电子科学与技术前沿丛书"序

　　光电子科学与技术涉及化学、物理、材料科学、信息科学、生命科学和工程技术等多学科的交叉与融合，涉及半导体材料在光电子领域的应用，是能源、通信、健康、环境等领域现代技术的基础。光电子科学与技术对传统产业的技术改造、新兴产业的发展、产业结构的调整优化，以及对我国加快创新型国家建设和建成科技强国将起到巨大的促进作用。

　　中国经过几十年的发展，光电子科学与技术水平有了很大程度的提高，半导体光电子材料、光电子器件和各种相关应用已发展到一定高度，逐步在若干方面赶上了世界水平，并在一些领域实现了超越。系统而全面地整理光电子科学与技术各前沿方向的科学理论、最新研究进展、存在问题和前景，将为科研人员以及刚进入该领域的学生提供多学科、实用、前沿、系统化的知识，将启迪青年学者与学子的思维，推动和引领这一科学技术领域的发展。为此，我们适时成立了"光电子科学与技术前沿丛书"专家委员会，在丛书专家委员会和科学出版社的组织下，邀请国内光电子科学与技术领域杰出的科学家，将各自相关领域的基础理论和最新科研成果进行总结梳理并出版。

　　"光电子科学与技术前沿丛书"以高质量、科学性、系统性、前瞻性和实用性为目标，内容既包括光电转换导论、有机自旋光电子学、有机光电材料理论等基础科学理论，也涵盖了太阳电池材料、有机光电材料、硅基光电材料、微纳光子材料、非线性光学材料和导电聚合物等先进的光电功能材料，以及有机/聚合物光电子器件和集成光电子器件等光电子器件，还包括光电子激光技术、飞秒光谱技术、太赫兹技术、半导体激光技术、印刷显示技术和荧光传感技术等先进的光电子技术及其应用，将涵盖光电子科学与技术的重要领域。希望业内同行和读者不吝赐教，帮助我们共同打造这套精品丛书。

　　在丛书编委会和科学出版社的共同努力下，"光电子科学与技术前沿丛书"获得 2018 年度国家出版基金支持，并入选了"十三五"国家重点出版物出版规划项目。

　　我们期待能为广大读者提供一套高质量、高水平的光电子科学与技术前沿著作，希望丛书的出版为助力光电子科学与技术研究的深入，促进学科理论体系的建设，激发创新思想，推动我国光电子科学与技术产业的发展，做出一定的贡献。

最后，感谢为丛书付出辛勤劳动的各位作者和出版社的同仁们！

"光电子科学与技术前沿丛书"编委会

2018 年 8 月

前　　言

有机发光二极管已经用于智能手机和固态照明乃至大屏幕 OLED 电视工业领域，和人们的生活息息相关。但是，随着科学技术的进步和产业的发展，有机光电子学科学和技术也在不断深入发展，本书就是在此背景下撰写的。

有人称无机半导体是硅的世界，那么有机半导体则是碳的世界。有机半导体主要应用于有机电致发光即有机发光二极管（包括小分子材料和聚合物材料）、有机光伏二极管、有机晶体管、有机光探测器等领域。这些有机器件的发展得益于美国柯达公司的邓青云先生 1986 年和 1987 年有关薄膜有机光伏和有机电致发光器件的突破性的创新和先驱性工作。本书之所以选择"基于分子间电荷转移激发态的有机光电子器件结构设计"作为书名，是因为有机/有机和(或)有机/金属分子间以及有机材料的同种分子之间相互作用而产生电荷转移激发态，这个激发态是一种材料分子把电荷转移到另一种材料分子，或者相反。两者都会产生耦合的电子-空穴对，这里称这种电子-空穴对为电荷转移激发态。简单来说，赋予有机多层器件功能的是层间界面或分子间相互作用的电子-空穴对，而不是产生在功能层上。

本书是在李文连研究员及张天佑、赵波和晋芳铭博士的共同努力下完成的，受作者研究领域的限制，本书主要讨论了有机小分子多层器件结构的设计，这就不可避免地涉及有机层之间的电荷转移激发态的问题，尽管有机多层器件功能还和其他很多因素有关，限于篇幅，本书仅就基于有机分子之间的电荷转移激发态的器件结构设计等材料和物理问题进行了较为深入的探讨。

李文连为本书的总体策划，并撰写第 1 章和第 6 章，第 2 章和第 3 章由赵波撰写，第 4 章和第 5 章分别由张天佑和晋芳铭撰写。

感谢发光学及应用国家重点实验室领导以及初蓓和苏子生等研究员、香港城市大学李振声教授的大力支持，感谢中国科学院长春光学精密机械与物理研究所有机电子学课题组对本书做出贡献的历届硕士和博士研究生。

感谢国家自然科学基金（项目批准号：61376022，11004187，60877027，61076047 和 61107082）对本书研究内容的资助，感谢国家出版基金的大力支持。

限于作者的研究领域和撰写水平，书中难免存在不足之处，诚望读者提出宝贵意见。

作　者

2018 年 5 月

目　　录

第 1 章　有机分子间电荷转移机制及其 WOLED 器件结构设计

1.1　有机-有机分子间电荷转移激发态的形成

在有机光电子器件中，存在着各个功能层与功能层之间的接触或者一层内拥有两种或更多种有机材料的混合，同时还会存在有机材料与金属电极的接触等，这些材料之间会有很多相互作用，即分子间相互作用。这些作用可能会产生电荷转移引起的新的激发态，即电荷转移激发态。虽然有机材料与金属电极之间也可能会产生电荷转移之类的相互作用，但是本书主要讨论有机/有机界面处或有机：有机混合物内分子间的电荷转移激发态问题及其对有机光电子器件性能的影响。本章主要讨论不同种分子间的激发态，也对同种分子间的激发态(即激基缔合物)及其相关器件结构设计进行适当讨论。

1.1.1　有机给体与受体分子间的激发态形成过程

相互接触的有机给体(D)分子与受体(A)分子，无论是 D/A 界面，还是 D 分子和 A 分子的混合，当光照射时，D 分子或 A 分子之间都会由于相互作用产生单重态(singlet)激子，在较大外界电场作用下它们会分解或者存在于 D/A 界面，当最低未占据分子轨道(lowest unoccupied molecular orbital，LUMO)或最高占据分子轨道(highest occupied molecular orbital，HOMO)在 D/A 界面的能级间具有足够大的偏移(offset)时，单重态激子就会分解，如图 1-1 所示。但是分解的产物还不是自由载流子(即极化子)，而是电荷转移激子(charge transfer exciton)，即 CT 激子。CT 激子在低能 CT 态时被称为激基复合物(exciplex)，在高能态时被称为孪生电子–空穴对(geminate electron-hole pair，GEHP)。对于多数 D-A 体系，激发后产生的光其能量比 D 分子和 A 分子都低，即发光光谱产生明显的红移[1]。

Gould 等 [2]早在 1994 年就研究了有机小分子材料的激基复合物和激发的电荷转移(CT)复合物的基本特性，他们认为，激基复合物和激发的 CT 复合物都与电荷从给体到受体的转移有关。这些激发态种类的辐射和非辐射去激活的机制、速

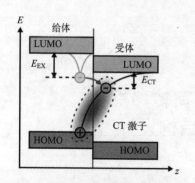

图 1-1 单重态激子分解在 D/A 界面
上形成 CT 激子的示意图（虚线椭圆）

E_{EX} 和 E_{CT} 分别表示单重态激子和

CT 激子的结合能

率以及化学反应都取决于电荷转移的程度。例如，非辐射去激活表示的是激发的 CT 态的能量损失。激基复合物和激发的 CT 复合物电子态通常描述为给/受体的中性的和局域激发态的线性结合。还对一系列激基复合物和激发的 CT 复合物的辐射速率常数进行了定量的分析，获得了它们的电子结构，估算了完全电荷转移的条件。

Morteani 等[3]利用几种聚合物材料构筑了异质结(heterojunction, HJ)界面，研究了电荷转移态和激基复合物能级的关系，如图 1-2 所示。他们认为，激子在异质结上的陷获激子发射形成了有机分子单体(monomer)光发射，这种发射不同于激基复合物光发射。

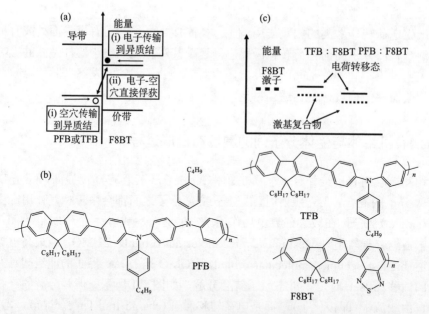

图 1-2 (a)电子和空穴在异质结处各自通过它们的传输材料传输，在界面处俘获电子和空穴；
(b)电子和空穴传输材料的化学结构；(c)在 F8BT 分子上，激子和异质结上形成的在 F8BT 和
TFBF 和 F8BT 和 PFB 分子间的电荷转移态和激基复合物能级图[3]

F8BT 激子和激基复合物之间能量差分别是 0.12 eV 和 0.25 eV

　　同时，他们还用时间分辨光谱直接证明了激基复合物的存在，如图 1-3 和图 1-4 所示[3]。可以看出，开始主要是 F8BT 的激子发射，在相对较长时间后，主要是长寿命红移的激基复合物发射。纯的聚合物没有观测到延迟的光致发光(PL)发射，属于单指数衰减，排除了激基缔合物发射。作者把这个长寿命的 540 nm PL 发射归属于激基复合物发射[3]。

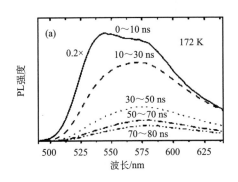 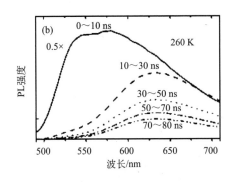

图 1-3　TFB：F8BT 的时间分辨光谱　　　　图 1-4　PFB：F8BT 的时间分辨光谱

TFB：F8BT 和 PFB：F8BT 分别指的是 TFB 和 F8BT 与 PFB 和 F8BT 的混合薄膜。随着时间的延长，PL 发射峰向长波移动，同时激发态寿命也由 10 ns 延长到 70～80 ns

　　前面讨论了不同种分子在异质结界面分子间激子态、CT 态和激基复合物激发态的关系，实际上，分子间电荷转移态还包括同种分子间的电荷转移，尽管本章更多涉及不同种分子间的激基复合物，但是为了对比，还是要对其稍加介绍。基于激基复合物的有机发光二极管(OLED)器件特性在很大程度上受到有机/有机界面化学和物理相互作用的影响。有机材料在界面的相互作用形成电荷转移激发态复合物(charge transfer excited-state complex)，称为激基复合物/激基缔合物(exciplex/ excimer)，前者产生于不同种分子之间，后者产生于同种分子之间。激基复合物/激基缔合物是一种瞬间电荷转移复合物，产生于一种分子激发态与相邻分子的基态的相互作用。产生的电子-空穴对复合物辐射衰减导致的发射单体(在 OLED 器件领域又称 monomer)的发射波长明显红移。激基复合物/激基缔合物发射的原理示意图如图 1-5 所示[4,5]。

　　根据自旋多重态原理，激基复合物/激基缔合物可以是荧光或磷光性的，前者是给受-受体之间的单重态之间，而后者是三重态(triplet)之间的相互作用，结果是形成了三重态激基复合物/激基缔合物，如图 1-6 所示[6]。研究表明，如果两个分子的 HOMO 和 LUMO 之间能级差大，那么由于电荷载流子在界面积累得多，越靠近界面复合概率越大。

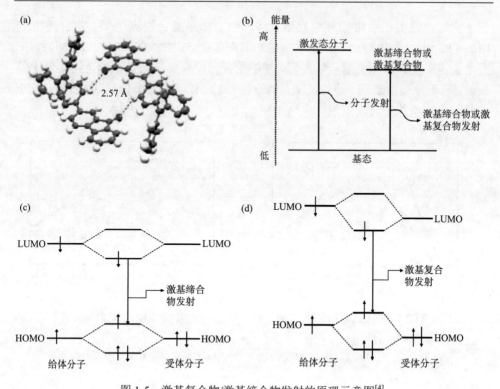

图 1-5　激基复合物/激基缔合物发射的原理示意图[4]

(a)激基缔合物的球棍模型；(b)分子发射及激基缔合物或激基复合物发射示意图；(c)激基缔合物形成过程；
(d)激基复合物形成过程

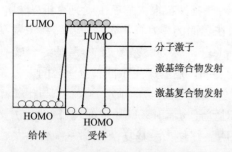

图 1-6　激基复合物/激基缔合物的形成[6]

　　实际上，激基复合物和激基缔合物之间也会发生相互作用，即从激基复合物向激基缔合物发生能量传递，称为电荷转移。在激基缔合物形成中波函数会扩展到整个分子，仅在激发态时被束缚在一起而没有基态。这种没有基态的优势是可以易于产生从高能量的主体向低能量的客体的电荷转移。激基复合物的形成必须要求两个分子的 HOMO 和 LOMO 之间的能级差大，这样两个电极注入的电荷才会被积累在界面两侧，电子传输层上的 LUMO 载流子会间接与发射层的 HOMO 上载流子更易于复合，这样，激基复合物的能量永远低于激发的单个分子(monomer)，激基复合物发射带是宽的，这是因为基态激基复合物具有弥散特性。

1.1.2　分子间单重态激基复合物的形成

　　一般情况下，激基复合物的形成可以发生在溶液体系、薄膜体系或者其他有电子给体和受体直接接触的体系中，因为这些体系都会发生电荷或能量转移。所以，这里将对于主体-掺杂剂或给体-受体体系存在的电荷或能量转移予以讨论。给体-受体体系可以是掺杂式的，也可以是混合式的，当掺杂剂浓度高到可以与主体接近时，也可以认为是混合式的。给体与受体之间为界面的层/层式接触时，一般仅在电致发光下才会产生激基复合物，在光激发的 PL 状况下一般难以产生激基复合物发射，除非激发光能够穿透两层中的一层激发到两层接触的界面处。

　　给体的能量向受体转移能够以两种模式进行，一种是 Förster 型，另一种是 Dexter 型，常分别称为 Förster 能量传递和 Dexter 能量传递。前者包含给体与受体分子间的偶极-偶极相互作用，属于分子间长程的分离（30～100 Å），这种能量传递可以用下式表示：

$$D^* + A \longrightarrow X \longrightarrow D + A + h\nu \tag{1-1}$$

式中，D^*、A、X、D 和 $h\nu$ 分别表示激发的给体、基态的受体、中间激发态体系、基态的给体和发射光子的能量。这里 X 表示未激发的给体与激发的受体之间的电荷转移复合物（激基复合物或激基缔合物）[6,7]。这种能量传递基本上是以从给体向受体的激子扩散的形式进行。

　　Förster 型和 Dexter 型的能量传递可以表示为图 1-7。如上所述，在多层结构器件中，往往会形成层/层间的分子间激基复合物，对于掺杂体系，也易于形成主体和掺杂剂的分子间电荷转移激发态，即分子间的激基复合物。电荷转移发生在电荷传输层和发射层的界面，这是由形成激基复合物和激基缔合物的两个分子电子结构的失配所致，即一个分子的激发态和另一个分子的基态相互作用，产生了辐射的电子-空穴对。

　　对于不同种分子的接触情况，由于电荷产生层和发射层之间的分子电子结构失配和波函数的交叠，界面发生电荷转移。如果发射层和电荷传输层的 HOMO 和 LUMO 之间存在大的能量差，电荷就会从发射层转移到传输层，或者相反。后者过程会变得困难，结果是电荷载流子会积累在这两层之间的界面，在载流子传输层的 LUMO 上的电子就会与积累在发射层 HOMO 上的空穴发生复合而发光，这就是电场驱动下激基复合物的电致发光过程，如图 1-8 所示。如前面所述，双层器件在光激发下，一般不会获得激基复合物发光，以至于有人把这种仅仅在电激发产生的激基复合物称为电致激基复合物（electroplex），笔者认为，大可不必进行如此分类，因为当用光照射双层薄膜时，一般照射光难以照射到层/层的界面，即使照射到界面,此时界面处两种分子相互接触面积也远小于混合层间分子间接触面积。

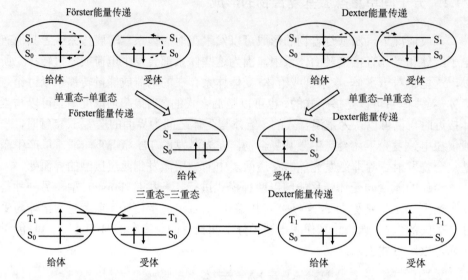

图 1-7 Förster 型和 Dexter 型的能量传递过程[7]

S_1 表示激发单重态;S_0 表示基态单重态;箭头 ↑↓ 表示自旋电子对

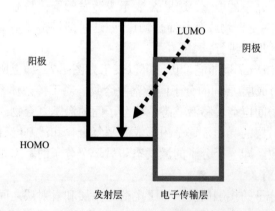

图 1-8 在电场驱动下,空穴和电子分别从阳极、阴极向界面处注入,发射层和电子传输层间的界面形成激基复合物

向下实线箭头表示发射层的激子发射;斜的虚线箭头表示分子间激基复合物发射

另外我们注意到,基于界面电荷转移态(激基复合物和激基缔合物)的 OLED 还存在一些不足,因为激基复合物和激基缔合物发射一般会限制 OLED 器件的性能。DA 混合发射层激基复合物的形成与浓度、结构和形态有关。另外激基复合物和激基缔合物形成与温度有关,在低温时激子发射会高于激基复合物发射[6]。

有关激基复合物(激基缔合物)、CT 复合物激发态相互关系及其发光特性,它们的优势和不足等问题还可以参考其他相关论文[8-14],尽管近来有关激基复合物和 CT 态复合物在热活化延迟荧光(TADF)OLED 器件和有机光伏太阳电池(常用 OPV 表示)方面的应用都有很新的进展(参考后面有关章节),但是,本部分讨论的激基复合物和 CT 复合物的基本概念应该是后来发展的新型有机光电子材料和器件结构设计的基础,对于新型 OLED 和 OPV 器件结构设计会有不可忽视的指导作用。笔者认为,任何新兴的材料和器件都是在前人多年潜心研究的基础上发展起来的,就像如果没有 20 世纪 50～60 年代的有机单晶的发光和光伏研究探索,就不会有今天的 OLED 和 OPV 如此大的进步,乃至 OLED 形成了今天的新的固态照明产业和平板显示产业。例如,AMOLED 手机几乎触及每个人的日常生活。

1.1.3　三重态激基复合物发光

上面主要讨论了单重态激基复合物发光及其机制,即激基复合物荧光发射,一般激发态寿命要比激子荧光的寿命高一个量级,即前者为几十纳秒,而后者则是几纳秒,相对于激子(形成激基复合物的给体或受体材料),发光也可以说是延迟荧光。请注意,这与后面几章会涉及的激基复合物的热活化延迟荧光(TADF)本质不同, TADF 荧光发射也是单重态发射,这个发射来源于三重态到单重态的上转换过程,导致微秒水平的荧光发射,这是目前很火的有机光电子材料和器件领域。

另外,我们注意到,截止到现在讨论的荧光材料与荧光材料之间的激基复合物仍然是单重态荧光激基复合物,只是其荧光寿命比激子的稍长一些,如图 1-3 和图 1-4 所示[3]。

另外,Jankus 等[15]却发现荧光材料之间形成的激基复合物在室温下产生三重态的发光,这种分子间电荷转移激发态寿命可达 1 ms,图 1-9 给出了形成激基复合物 OLED 器件的能级图。

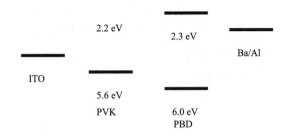

图 1-9　基于 PVK：PBD 混合层作发射层的能级结构[15]

作者还比较了作为不同活性层的 PVK：PBD、PVK 和 PVK：PBD：双核 Ir 配合物（**1**）的 EL 器件的瞬态特性和时间分辨 EL 光谱，分别如图 1-10（a）和（b）所示。

从图 1-10（a）可以看出，基于 PVK：PBD 混合层的器件衰减时间为 1 ms。而 PVK：PBD：**1** 器件要比仅用 PVK：PBD 混合层的器件衰减时间长很多。从图 1-10（b）可以看出，在 800 μs 时，437 nm 发射带显现出来，这个发射带具有长的激发态寿命，其来自 PVK：PBD 混合层激基复合物的 EL 发射，而 530 nm 的长波发射归因于 PVK 的三重态二聚体发射[15]。无论如何，基于 PVK：PBD 混合物活性层器件的三重态发射 EL 发现，对于研制蓝色磷光 OLED 还是很有意义的。

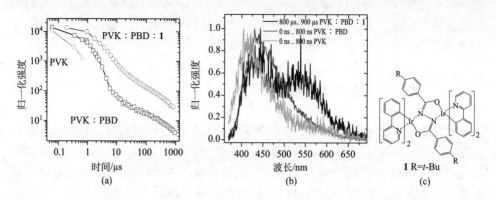

图 1-10　不同活性层 PVK：PBD、PVK 和 PVK：PBD：双核 Ir 配合物的 EL 器件的瞬态特性 (a) 和时间分辨 EL 光谱 (b)，以及双核 Ir 配合物（**1**）的分子结构 (c)[15]

Su 等[16]报道了具有双极性功能的 TCPZ 材料，通过掺杂常规发红光的 Ir(piq)₃、发绿光的 Ir(ppy)₃ 和发蓝光的 FIrpic，测到这些磷光发射的同时，还发现了发射带位于磷光附近的新的三重态激基复合物（triplet exciplex）发射，如图 1-11 所示。可以看出，三重态激基复合物形成于 TCPZ 和相应 Ir 配合物磷光体之间，这种激基复合物的瞬间 PL 衰减都处于微秒量级，这就证明了它们的 PL 都是三重态激基复合物。他们还给出了形成机制，如图 1-12 所示。从图 1-12 可以看出，这个三重态激基复合物产生于 TCPZ 三重态和磷光体三重态之间的相互作用。具体来说，应该是从磷光体的三重态向 TCPZ 的核为受体单元的电荷转移过程，因为具有双极性单元的 TCPZ 含有三嗪核和咔唑外围基团，所以形成的激基复合物的波函数应该跨越给体和受体。而且可以推测，Ir 的强自旋耦合会导致三重态激基复合物的形成[17]。

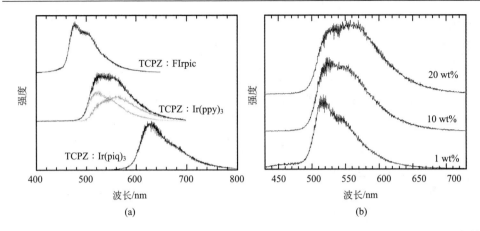

图 1-11　(a) 在 TCPZ 中分别掺杂 FIrpic (3 wt%)、Ir(ppy)₃(8 wt%)、Ir(piq)₃(4 wt%)后发射的蓝色、绿色和红色磷光 PL 光谱,以及三重态激基复合物的光发射 (图中灰色线);(b) 在 TCPZ 中掺杂不同浓度 Ir(ppy)₃的薄膜 PL 光谱[17]

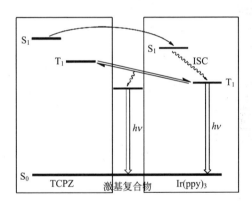

图 1-12　TCPZ 的单重态、三重态和三重激发态以及在 TCPZ 和 Ir(ppy)₃之间的
激基复合物的形成过程[17]

S₁ 和 T₁ 分别表示单重态和三重态;ISC 表示系间窜越;$h\nu$ 表示光发射

　　实际上,在激基复合物发射的同时,往往伴随着形成激基复合物的给体或受体本身的激子发射(也被称为 monomer 发射),很多情况下激子发射和激基复合物发射是并存的。激基复合物既发生在光激发情况的 PL 下,也发生在电场情况的 EL 下。值得提出的是,在光激发下的有机光伏电池有时也出现激基复合物的发射。原则上讲,此时的激基复合物对获得光伏特性是不利的,正如前面所描述的那样,它是光伏产生的障碍[1-3]。可见,从事 OPV 和 EL 的研究人员应该多加关注这两个领域的基本概念和形成机制,笔者建议同时开展这两个方向的研究。这样,可以对这两个领域的机制有更深入的认识,也会共享真空蒸镀设

备和旋转涂覆设备，因为这些设备可同时用于 EL、PL 和 OPV 器件的制备和性能的测试。

1.2 基于分子内电荷转移的 OLED 研究

分子内 CT 与分子间 CT 有很多类似的情况，只不过是分子间 CT 产生于给体分子和受体分子之间，而分子内 CT 则是产生于嫁接在一个分子之上的给体和受体单元(moiety)之间。本小结对分子内 CT 材料的设计原则和发光机制做简单介绍。

1.2.1 分子内 CT 的热活化延迟荧光(TADF)的主要机制

Adachi 小组[18]报道了分子内 CT 的 TADF OLED，他们精心设计有机分子，使得给体和受体单元能在空间上分离，S_1 和 T_1 能级间隙(ΔE_{S-T}) 很小，这就增强了 $T_1 \rightarrow S_1$ 的反向系间窜越(reverse intersystem crossing, RISC)。这样的激发态属于分子内 CT，典型的材料是咔唑基间苯二腈(CDCB)，咔唑基是给体单元，间苯二腈是受体单元。基于这类材料的 TADF 器件可以给出高达 19%的外量子效率(EQE)，其工作机制如图 1-13 所示。可以看出，在光激发下只能产生单重态激子，而在电激发下可以同时产生单重态和三重态激子，但是两者都会发生从三重态到单重态的反向系间窜越，最后从单重态发射延迟荧光，总的单重态发光包含快速荧光和延迟荧光[18]。更多的基于分子内 CT 机制的 OLED 研究请读者参看后面有关章节。

1.2.2 利用局域激发态和分子内 CT 态杂化为一体的有机电致发光

我国马於光研究组[19-22]近年来开拓了利用局域激发态和分子内 CT 态杂化为一体的有机电致发光研究，他们提出了关于这类材料设计的一个新概念，即将具有温和的激子结合能的 CT 态与局域激发(LE)态结合成新的能态，他们称这个新的能态为 LE 态和 CT 态杂化的能态，即 HLCT。这种新的设计目的是获得高效的荧光 OLED 器件。这种材料的分子结构同时含有给体和受体单元。结果是可以防止 CT 态成为最低激发态，而 LE 态是整个荧光发射的能级。他们通过调节给体和受体空间位阻，调节了电子受体的拉电子能力，获得一系列高效发光化合物。图 1-14 描绘了从电子-空穴复合到激子形成的过程。由该图可以看出，由于 T_{CT} 与 S_{CT} 的能差 ΔE_{S-T}(CT)接近零，而 T_{CT} 与 S_0 的间距很大，导致了从 T_{CT} 到 S_{CT}

的反向系间窜越的概率很高[18]。对比图 1-13(b) 和图 1-14*发现，两者都有反向系间窜越过程，但是 TADF-OLED 荧光来自延迟荧光的贡献，所以衰减时间都在微

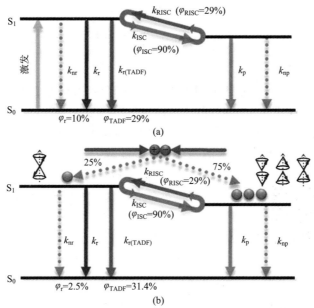

图 1-13　基于 TADF 的光致发光(a) 和电致发光(b)[18]

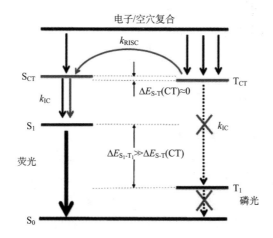

图 1-14　在电激发下的 OLED 器件中的空穴和电子复合形成激子直到光发射的过程[19]

S_{CT} 和 T_{CT} 分别表示 HLCT 中的电荷转移激发单重态和三重态；红箭头表示从 T_{CT} 到 S_{CT} 的反向系间窜越 ^{3}CT；红黑箭头表示从 S_{CT} 向 S_1 的内部转换；粗黑色箭头表示器件由 S_1 到 S_0(基态)总的荧光发射

秒水平，而 HLCT-OLED 的发光来自 S_1 能级，所以激发态寿命一般在纳秒水平，因而不会产生大电流下效率下降的问题[19]。

1.3　基于分子间电荷转移态的 WOLED 器件

基于分子间电荷转移态的 OLED 实际上是有机-有机分子间产生的、有别于单个分子发射的 OLED，不同种分子间的电荷转移态就是电荷转移复合物，又称激基复合物，同种分子间的电荷转移态被称为激基缔合物，其发射波长相对于单体发射波长，会有较低的能量。这些在前面已经做了概括性介绍。笔者在文献[23]中对分子间电荷转移态发射给高效 OLED 制作带来的优点和危害，以及如何消除那些不足进行了较为深入的讨论，同时也对笔者课题组有关宽谱带激基复合物 EL 发射 OLED 进行了介绍。白光 OLED(WOLED) 器件无论在显示还是在照明方面都有着很好的应用前景，而且已经实际应用在人们的日常生活中。实际上，实现白光 OLED 有很多技术方案，笔者曾经结合 WOLED 照明应用进行了总结[24]。白光光谱含有激基复合物或激基缔合物发射，是形成白光的一种方案，由于这种方案有着其他方案不具备的优点，如器件结构比较简单，有时仅用给体和受体材料制作的器件就可以实现白光发射。就是说，白光光谱可以由给体、受体的两个发射带和它们之间形成的激基复合物或激基缔合物的发射光谱组合而成，同时可以省去烦琐的材料合成工艺。请注意,本章暂不涉及基于热活化延迟荧光的 WOLED 器件结构设计内容,后面会有专门的讨论。

1.3.1　实现 WOLED 的各种结构设计

有关 WOLED 器件，有很多综述文章[25-27]，根据参考文献[22]报道，大致可以分为以下几种：①基于磷光发射的 WOLED，如由磷光红、绿和蓝三基色构成的 WOLED；②基于荧光和磷光混合材料的 WOLED，该模式的优点是克服了蓝色荧光体性能低下的问题；③本章重点讨论的基于激基复合物/激基缔合物发射的 WOLED。当然，关于 WOLED 还有其他一些分类方法[25,26]。

1.3.2　激基复合物为橙色发射的 WOLED 器件结构

Kumar 等[28]把超薄 DCM 染料放在离界面不同距离的位置，在界面形成的激基复合物会把能量通过 Förster 机制传递给 DCM 染料,他们发现，在最佳距离时，白光发射来源于激基复合物发射与 DCM 发射的结合，如图 1-15 所示。

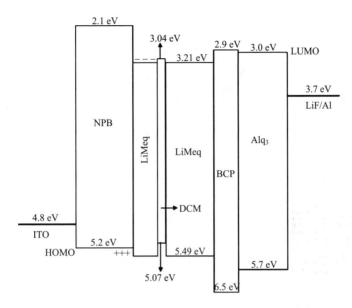

图 1-15　在界面形成激基复合物的能级图的原理[29]

NPB 为激基复合物的给体；LiMeq 为激基复合物的受体；BCP 为空穴阻挡层；Alq_3 为电子传输层(ETL)

Michaleviciute 等[29]合成了系列星形咔唑基化合物，化学结构如图 1-16 所示，这些材料具有好的热稳定性和空穴迁移率(μ，为 $10^{-3}cm^{-2} \cdot V^{-1} \cdot s^{-1}$)和低的离化能(IP，为 4.9 eV)。

THCA, TBPCA

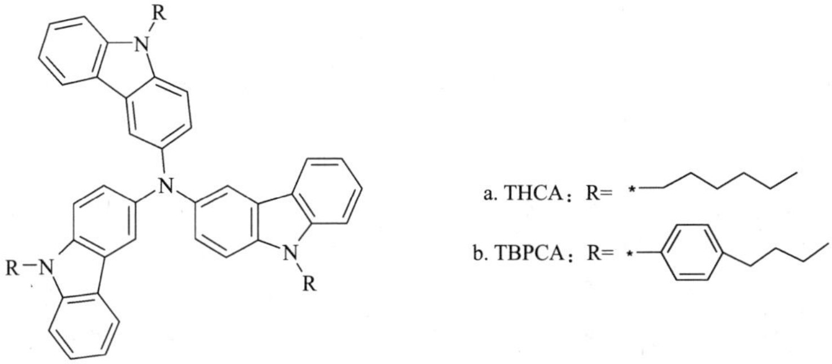

图 1-16　该工作研制的新材料结构[29]

他们用这些星形咔唑基化合物 THCA 和 TBPCA 与 Alq₃ 制成了激基复合物器件，器件结构分别为：

(A) ITO/THCA(24 nm)/Ca(140 nm)/Al(200 nm)

(B) ITO/TBPCA(24 nm)/Ca(140 nm)/Al(200 nm)

(C) ITO/THCA(24 nm)/Alq₃(10 nm)/Ca(140 nm)/Al(200 nm)

(D) ITO/TBPCA(24 nm)/Alq₃(10 nm)/Ca(140 nm)/Al(200 nm)

(E) ITO/THCA(24 nm)/periodic Alq₃(10 nm)/Ca(140 nm)/Al(200 nm)

他们通过将新材料本身的蓝光发射与激基复合物的橙光发射结合，研制出 WOLED。这些器件 A、B、C 和 D 的 EL 光谱以及 THCA/Alq₃ 和 TBPCA/Alq₃ 混合薄膜的 PL 光谱如图 1-17 所示。具有激基复合物发射的器件 E(WOLED) 的 EL 原理及光谱随驱动电压的变化分别示于图 1-18(a) 和 (b)，可以看出，器件 E 含有多个激基复合物发射，在 7 V 时，亮度为 300 cd/m², CIE(Commission Internationale de L'Eclairage，国际照明委员会)色坐标为(0.37, 0.35)，很接近等能白点坐标(0.33, 0.33)，在基于 THCA/Alq₃ 和 TBPCA/Alq₃ 结合的双层器件的 EL 光谱含有红移的谱带，这些红移的光谱归因于 THCA/Alq₃ 和 TBPCA/Alq₃ 双层的激基复合物的发射。这种技术可以在同一个器件上实现蓝光激子发射、激基复合物激发态的橙光发射以及双层激基复合物的平行发射的结合。

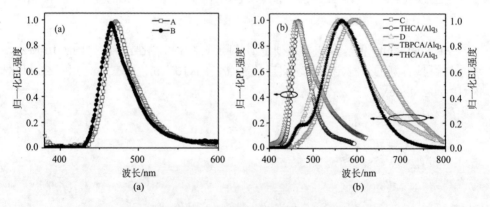

图 1-17　(a) 器件 A 和 B 的 EL 光谱；(b) 器件 C、D 的 EL 光谱以及 THCA/Alq₃(1∶1) 和 TBPCA/Alq₃(1∶1) 双层薄膜的 PL 光谱[29]

除了器件 E 外，作者还给出了器件 C 和器件 D 的能级和激基复合物发射原理图(图 1-19)。对比图 1-17 和图 1-18 的 EL 光谱，可以清晰看出器件 E 的宽的 EL 谱带都有明显激基复合物的发射贡献。也就是说，这里的白色 EL 光谱是由蓝色激子发射与 Alq₃ 形成的激基复合物橙色发射结合而成。

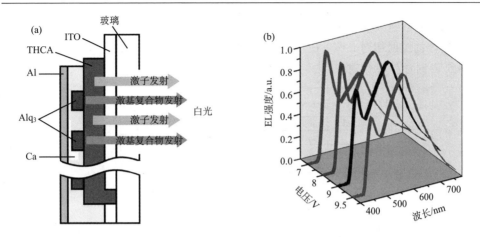

图 1-18　(a) 器件 E 组成及各 EL 发射起源的原理示意；(b) EL 光谱与工作电压的关系[29]

图 (a) 中，蓝色箭头表示单体激子发射，橙色箭头表示激基复合物发射；从 (b) 图可以看出，低电压时主要是激子发射，高电压时主要是激基复合物发射

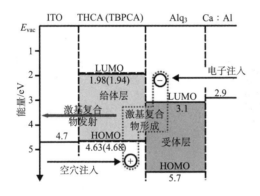

图 1-19　激基复合物器件能级和工作原理表示[29]

在器件中，Alq₃ 用作 ETL，与 THCA 或 TBPCA 接触产生明显的界面激基复合物的橙色发光。E_{vac} 表示真空能级

　　Lee 等[30]利用给体材料 m-MTDATA 研制出 WOLED，并研究了激基复合物对 OLED 器件发光色稳定性和色纯度的影响规律。在所制备的多层结构中，MADN 受体和 DCM 发射层 (EML) 之间的异质结上的电子和空穴复合，形成激基复合物。与 EML 发射相比，EL 光谱的峰值向低能侧移动。该现象是 m-MTDATA 上的空穴与 MADN 上的电子复合所致。EL 光谱产生于 m-MTDATA 和 EML 之间异质结的激基复合物发射。获得的最后 EL 在 9.5 V 时色坐标为 $x=0.33$，$y=0.36$，最大电流效率在 46 mA/cm² 时为 2.03 cd/A，电流密度与驱动电压的关系如图 1-20 所示。图 1-21 示出了他们研究的 WOLED 的 EL 光谱随驱动电压的变化，橙色成分

对应激基复合物发射。他们发现，在低电压时激子发射相对比例大些，高电压时激基复合物发射相对高些，在 10 V 时，蓝色和橙色发光带的比例比较均衡，恰好与 9.5 V 时色坐标相对应[30]。

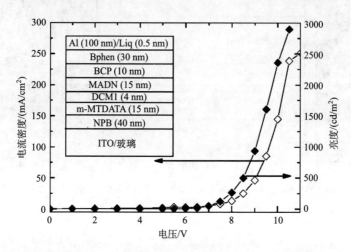

图 1-20　Lee 等研制的 WOLED 的电流密度–电压–亮度曲线[30]

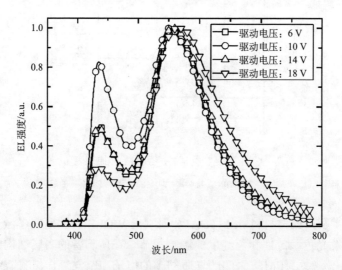

图 1-21　Lee 等研制的 WOLED 的 EL 光谱随驱动电压的变化[30]

香港城市大学 Lee 研究组[31]通过将电子给体新材料 TPyPA 与受体材料 Bphen 相结合，研制出结构简单的 WOLED 器件，WOLED 器件所用材料和器件结构分别示于图 1-22 (a) 和 (b)。WOLED 器件具有两种结构（器件 A 和器件 B），它们的区别是器件 B 使用了 NPB 作空穴传输层(HTL)， 两个器件的 EL 光谱分别示于图 1-23(a) 和(b)。

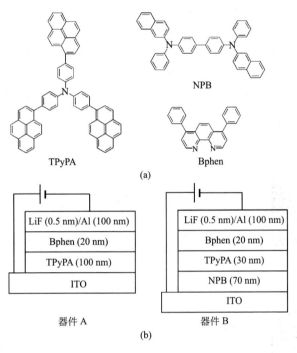

(a)

(b)

图 1-22　Lee 组研制的 WOLED 所用材料(a) 和器件结构(b)[31]

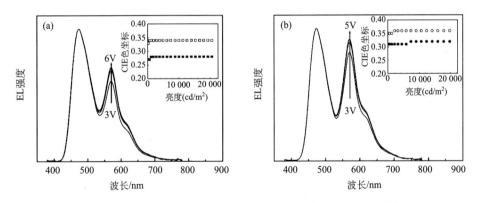

图 1-23　Lee 组 WOLED 器件 A (a) 和器件 B(b) 的 EL 光谱[31]

插图表示 CIE 色坐标与发光亮度的关系：实点线和空心点线分别表示色坐标的 x 值和 y 值随发光亮度的变化

　　根据以上结果得出结论，他们研制的 WOLED 均由蓝色和橙色光谱带构成，前者和后者发射带分别对应 TPyPA 蓝光发射和 TPyPA/Bphen 界面激基复合物橙光发射。该 WOLED 的色坐标为(0.31,0.35)，电流效率为 9.4 cd/A，最大亮度为 20 000 cd/m^2。

　　以上研究的 WOLED 器件几乎都是由激基复合物的橙光和给体激子的蓝光发射的结合。文献[32]和[33]先后研究了全激基复合物发射的 WOLED，好处是充分利用低 PL 发光材料制作高显色指数的白光器件。文献[32]用几个激基复合物发射带的叠加获得了高显色指数的 WOLED 器件，各发射颜色对应不同激基复合物发射带，谱带半高宽为 340 nm（420～760 nm），CIE 色坐标为(0.33, 0.35)，显色指数(CRI) 为 94.1。图 1-24 给出了器件结构、能级及光谱等信息，谱带半高宽为 260 nm，60% 的 EL 发射来自多个激基复合物发射。另外 Samarendra 等[33]报道的白光器件其发射也是来自多个激基复合物发射，器件构成为 ITO/TPD/Zn(BZT)/Al，短波长蓝成分来自 TPD 发射(图 1-25)。对于照明应用，显色指数是很重要的参数，可见以上三种 WOLED 类型是很有意义的。当然，它们的 EL 效率等还有待提高。

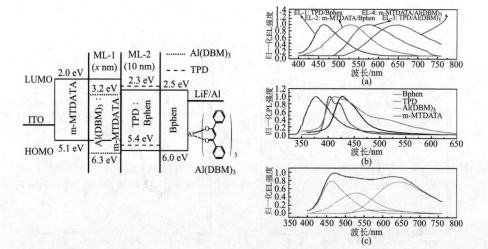

图 1-24　左：WOLED 的器件结构、能级及 Al(DBM)$_3$ 的化学结构。右：(a)四种激基复合物的 EL 光谱；(b)m-MTDATA、TPD、Bphen 和 Al(DBM)$_3$ 薄膜的 PL 光谱；(c)WOLED(x=3，R=1：2)的 EL 光谱(实线)、拟合的 EL 光谱(虚线)和四个激基复合物发射带(虚线)[34]

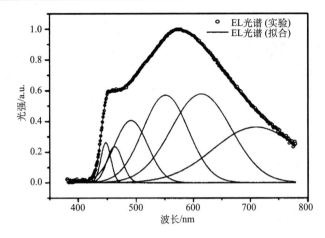

图 1-25　在 12 mA/cm² 电流驱动下器件 ITO/TPD/Zn(BZT)Al 的 EL 光谱[33]

　　我们注意到,以上器件结构的构成材料全是荧光材料,为此,这里给出稀土配合物与掺杂主体形成的激基复合物。原则上稀土配合物的稀土发光应该属于磷光发射,那是因为稀土发光的激发态寿命比较长,又存在大电流下的效率下降问题。但是,Zucchi 等[34]采用稀土配合物掺杂的器件制成了 WOLED,利用窄带稀土离子发射和稀土配合物与主体间形成的宽带激基复合物发射的结合而形成了白光 EL 光谱,采用的材料和器件结构等如图 1-26 所示。在基于 Eu 配合物的 WOLED 器件中,TCTA 和 CBP 用作主体材料,TCTA 是公认的 HTL 材料且可以发射蓝光,Eu 配合物掺杂浓度为 5 wt%,图 1-27 给出了含有和不含 Eu 配合物器件的归一化 EL 光谱,器件性能分别如表 1-1 所示。

表 1-1　含有和不含 Eu 配合物的 WOLED 的性能比较[34]

器件	发射层	EL 发射峰/nm	启亮电压/V	EQE[a]	最大亮度/(cd/m²)	色坐标 (x, y)
不含 Eu 配合物器件	TCTA	440	6.8	0.14	53.8	(0.17,0.15)
含 Eu 配合物器件,主体为 TCTA	Eu 配合物(5 wt%):TCTA	612 456	6.5	0.06	30.8	(0.23,0.20)
含 Eu 配合物器件,主体为 CBP	Eu 配合物(5 wt%):CBP[b]	612 523	6.5	0.09	83.0	(0.42, 0.43)

　　a. EQE 表示外量子效率;b. Eu 配合物(5 wt%):CBP 器件结构参见图 1-26(a)

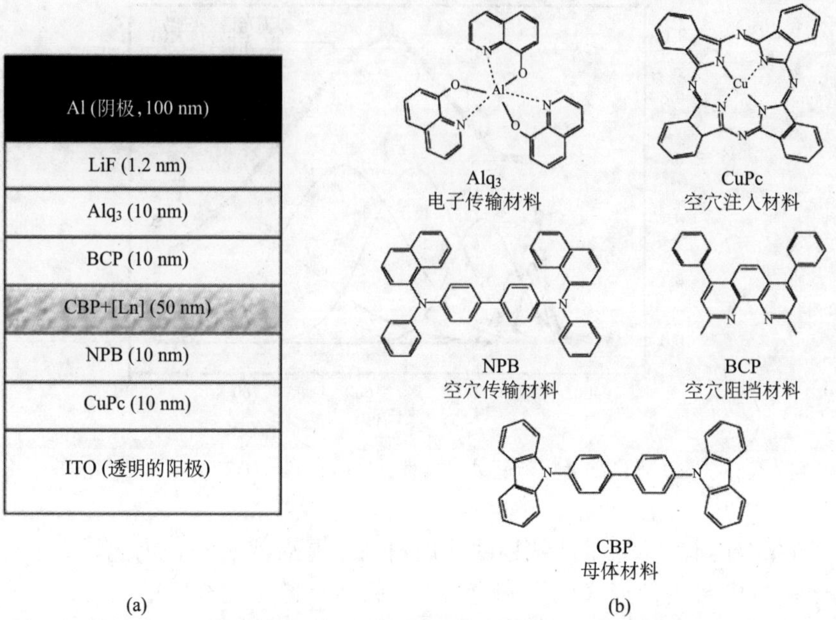

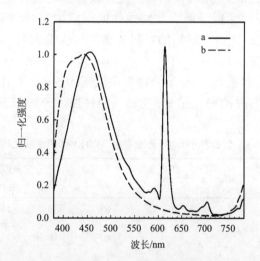

图 1-26　用于该研究的器件结构(a)和材料的分子结构及其在器件中的功能(b)[34]

图 1-27　TCTA 含有(a)和不含(b) Eu 配合物器件的归一化的 EL 光谱[34]

从表 1-2 和图 1-27 可以看出，基于以 Eu 配合物为掺杂剂、CBP 为主体的器件是性能最好的 WOLED，这种白光器件的橙光发射来源于激基复合物(CBP/Eu 配合物界面)和 CBP 所发射的蓝光。但是整体来说，EL 强度仍需进一步提高。有关基于稀土配合物的 OLED 研究文献[35]~[37]已经有了很多报道，其中也有

WOLED 的器件，但是，作者们却忽略了短波蓝色发光部分，而更注意如何消除激基复合物发射的橙光，以便获得高色纯度的稀土离子发光。但是不管怎样，这里却利用它们的激基复合物制成了 WOLED，应该还是很有新意的。综观所有稀土配合物与空穴传输层以及稀土配合物掺杂的主体材料之间的激基复合物的形成有着共同的规律，那就是稀土配合物的配体一般都具有电子传输性能。这样基于稀土配合物的激基复合物从本质上说应该属于荧光激基复合物，尽管基于稀土配合物的OLED 发光本身应该属于磷光材料。所以说，这种 WOLED 含有宽带发射的荧光激基复合物和磷光特性的稀土离子的窄带发射，也可以说是荧光和磷光混合型WOLED。

　　基于上述结果，接下来我们讨论的是由荧光材料与磷光材料相互作用产生的激基复合物、激基缔合物和构成激基复合物的单体发射带组成 WOLED，结果如Kalinowski 等报道的那样[38]。该文章所用的主要材料如图 1-28 所示，他们用这些材料构建了 WOLED 器件，图 1-29 是它们推测的白光产生机制，图 1-30 给出了图 1-29 中三个 PL 发射带的 EL 光谱。

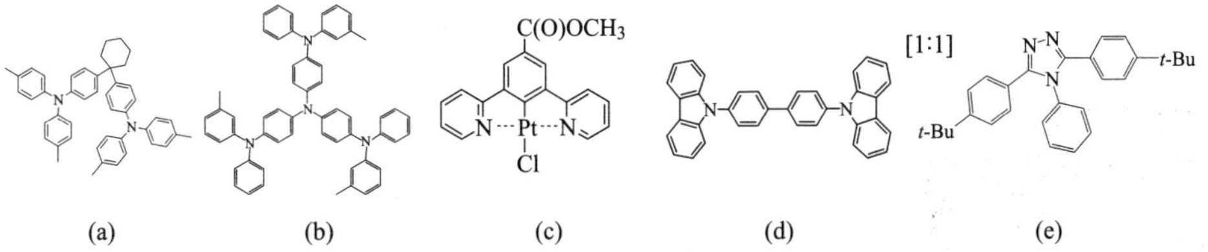

图 1-28   (a) TAPC，空穴传输材料；(b) m-MTDATA，空穴传输材料；(c) PtL^{2}Cl，磷光体，电子传输材料；(d) CBP，空穴传输材料；(e) TAZ，电子传输材料[38]

　　尽管通过调节该体系各个发射成分的比例能够调控 EL 性能，但是总的来说其EL 强度还不够高，最大亮度也仅为 500 cd/m^2。为此，下面将给出基于磷光激基复合物的高效 WOLED。

　　Forrest 研究组[39]采用 Pt(II) 配合物的同种分子间相互作用的激基缔合物构建WOLED。这是由于 FPt1 和 FPt2 呈现出从 450 nm 到 800 nm 的宽 EL 光谱。效率可达 4.0%±0.4%，电流效率为 9.2~0.9 cd/A，亮度可达 31 000~3000 cd/m^2，CIE 色坐标为 (0.40, 0.44)。

　　Yang 等[40]用磷光材料与主体形成的激基缔合物作为 WOLED 的橙色发光子带成分，图 1-31 是他们用来发射蓝色磷光的材料 Pt-4 的分子结构。所制备的 WOLED的亮度从 150 cd/m^2 变化到 1300 cd/m^2，二者的 CIE 色坐标分别是 (0.33, 0.36) 和(0.33, 0.35)，启亮电压为 3 V，最大的外量子效率 (EQE) 和功率转换效率 (PCE) 分别为 9.3% 和 8.2 lm/W。基于磷光激基缔合物和磷光结合的 WOLED 效率还是很高的。

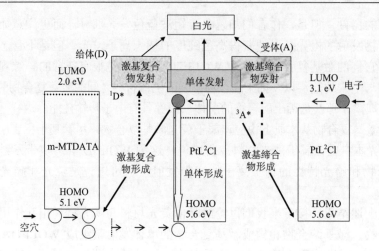

图 1-29　推测的 WOLED 白光产生机制[38]

作为给体的 m-MTDATA 与作为受体的 PtL²Cl 以 1∶1 比例混合，这个混合物在电激发下，m-MTDATA HOMO 上的空穴（○）与 PtL²Cl LUMO 上的电子（●）复合，形成激基复合物。PtL²Cl 的三重态（³A*）与 PtL²Cl 基态结合，形成激基缔合物。最后获得了具有高 CRI 的 WOLED[33]。从左至右：激基复合物发射，激基复合物产生于 m-MTDATA 与 PtL²Cl 的界面；PtL²Cl 磷光体发射；激基缔合物发射，激基缔合物产生于作为磷光发射体的 PtL²Cl 和作为电子传输体的 PtL²Cl（最右面）。可见，中间的 PtL²Cl 磷光体起到了三个作用，即作为电子受体、发射体以及激基缔合物的供体

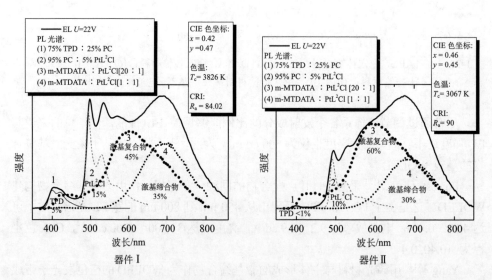

图 1-30　对应于图 1-29 的三个 PL 发射带的 EL 光谱[38]

器件 I 和 II 在 TPD∶PC-HTL 和 m-MTDATA∶PtL²Cl-EML 之间分别放上 10 nm CBP 空间层和 10 nm TAPC 空间层

Murphy 等[41]也报道了磷光材料蓝光与主体材料形成的激基缔合物橙光结合的 WOLED。图 1-32 给出了白光器件结构、所用材料分子结构以及材料的 HOMO 和 LUMO 能级。可以看出，TPD 掺杂的 PC 为空穴注入层，靠近 TCTA∶TCP 混合层的 TCTA 为 HTL，磷光 PtL^{30}Cl 以不同比例被掺杂到这个混合主体中。TAZ 为 ETL，LiF/Al 为复合阴极。图 1-33 示出了掺杂不同浓度 PtL^{30}Cl(3 wt%～100 wt%)的白光器件的 EL 光谱，对照插图所示的 CIE 色坐标，我们可以看出，掺杂浓度为 12 wt%和 20 wt%时，EL 为白光，两个子带分别对应 EL 光谱的单体蓝光发射和激基缔合物橙光发射。

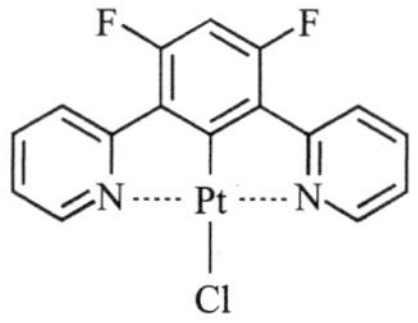

图 1-31　发射蓝色磷光的材料 Pt-4 的分子结构[40]

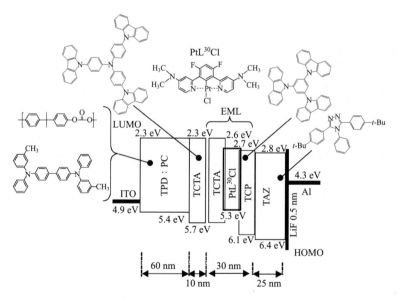

图 1-32　白光器件结构、所用材料分子结构以及材料的
HOMO 和 LUMO 能级[41]

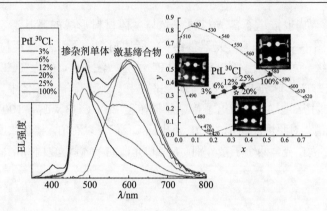

图 1-33   PtL^{30}Cl 蓝色发光磷光体作为掺杂剂、1∶1 TCTA∶TCP 混合物作为主体的白光器件
的 EL 光谱[16]

插图：在混合主体中掺杂不同浓度 PtL^{30}Cl 的 CIE 色坐标。左上角标示的百分比表示 PtL^{30}Cl 在 1∶1 TCTA∶TCP
混合物的掺杂比例。右上角表示掺杂不同比例 PtL^{30}Cl 的 EL 器件发光色坐标位置。可以看出，在掺杂 6 wt%、12
wt%、25 wt% 和 100 wt% 时器件 EL 发射分别为绿、红、蓝绿和红色。在低掺杂浓度时主要是冷白色发光，高掺杂
浓度时是暖白色发光

　　表 1-2 给出了不同浓度 PtL^{30}Cl 磷光材料掺杂的器件性能参数的比较。可以看出，12 wt% PtL^{30}Cl 掺杂的器件的效率是最高的，而且白光的色坐标为(0.32, 0.37)，与图 1-32 插图所示出的白光位置一致，显色指数(84)也还可以；其次是 20 wt% PtL^{30}Cl 掺杂的器件，保持高的显色指数的同时，效率也很高。如此高的 EL 效率应该归因于 PtL^{30}Cl 的同种分子相互作用产生的激基缔合物发射。

表 1-2   用 PtL^{30}Cl 作为掺杂剂的 OLED 器件的性能参数[41]

x/wt%	V/V	J/ (mA/cm^2)	EQE /%	CE/ (cd/A)	CIE 色坐标 (x, y)	CCT /K	CRI
3	9	6.0	3.9	6.9	(0.20, 0.30)	—	—
6	9.3	2.5	11.3	23.5	(0.26, 0.34)	—	—
12	12.9	3.6	7.1	14.3	(0.32, 0.37)	5826	84
20	10.5	3.6	3.7	7.4	(0.36, 0.37)	4470	87
25	11.1	8.9	2.7	5.5	(0.37, 0.39)	3806	88
100	7.8	3.9	6.4	14	(0.52, 0.47)	—	—

　　注：OLED 器件结构为 ITO / 75 wt% TPD∶25 wt% PC (50 nm) / TCTA (10 nm) / x % PtL^{30}Cl∶(100−x)% [TCTA∶TCP](1∶1) (30 nm) / TAZ (30 nm) / LiF / Al。x 表示 PtL^{30}Cl 在混合主体中的质量分数，V 表示工作电压，J 表示电流密度，EQE 表示外量子效率，CE 表示电流效率，CIE 表示国际照明委员会，CCT 表示相关色温，CRI 表示显色指数。所有数据都是在亮度为 500 cd/m^2 条件下测量得到的

1.4　本 章 小 结

　　本章主要讨论的是有机/有机分子间电荷转移激发态的特征及这种激发态在白光 OLED 的应用。实际上,有机光电子器件都存在有机分子间接触,不管是有机层与有机层间的接触,还是以不同比例掺杂的异种或者同种分子间的接触,实际上是掺杂式器件两种分子比例不同时的分子间的接触,会由于所用材料的特性不同及器件结构的不同,在光或电激发下都会产生分子间电荷转移激发态。如果两种分子间的 LUMO/LUMO 或 HOMO/HOMO 存在一定的差异,即具有一定能量偏移,再加上激发的光子能量大大超过 LUMO/LUMO 或 HOMO/HOMO 能量差,就会使这种电荷转移激发态解离成自由电子和自由空穴,它们分别沿着受体 LUMO 能级向阴极方向和沿着给体的 HOMO 能级向阳极方向传输,直到被阴极和阳极收集。这就是有机光伏器件最基本的工作过程。如果 LUMO/LUMO 或 HOMO/HOMO 能量差比较小,在受体 LUMO 上的电子和给体 HOMO 上的空穴之间就会产生库仑引力,形成孪生电子-空穴对,两种分子间形成电荷转移激发态,其在电场作用下会向基态衰减而发射光,这就是激基复合物发光。当然作为一个有机光电子器件,除了有机/有机分子间接触外,任何有机器件都会有金属电极存在或者金属氧化物电荷注入层存在,它们都会与有机功能层接触,也会产生电荷转移激发态,限于篇幅,本章未涉及这样的电荷转移激发态的问题。前面已经多次谈到,电荷转移激发态和激基复合物的研究实际上已经进行了几十年。但是,以前这方面的研究不太引起人们注意,那是因为当时的器件性能还不尽人意,效率一般不太高。正当这方面的研究处于徘徊的时候,日本学者 Adachi 研究组却在激基复合物上继续潜心研究,发现了基于热活化延迟荧光(TADF)的 OLED,开辟了第三代电致发光(本书第 2 章～第 4 章有专门论述)[42, 43],这个新领域的开展将为更深入研究的 OLED 器件的基础和未来的产业化打下坚实基础。我们应该以此为契机,审视自己目前的研究方向,为进一步开发新型有机光电子材料和器件而努力。另外,除了上述基于分子间电荷转移激发态的有机光电子器件外,在 TADF 的 OLED 器件中,Adachi 研究组又率先开展了基于分子内电荷转移态的 OLED 器件研究[18]。分子内电荷转移实际上把给电子和拉电子功能团嫁接在同种分子上,要想获得高的 EL 效率,两个功能团在同一分子上必须有一定的扭曲角,希望三重态和单重态之间能量差($\Delta E_{S\text{-}T}$)尽可能小,与分子间 TADF 对 $\Delta E_{S\text{-}T}$ 的要求是一样的,更详细的介绍请读者参见后面相关章节。

参 考 文 献

[1] Muntwiler M, Yang Q, Tisdale W A, et al. Coulomb barrier for charge separation at an organic semiconductor interface. Phys Rev Lett, 2008, 101:196-403.

[2] Gould I R, Young R H, Mueller L J, et al. Electronic structures of exciplexes and excited charge-transfer complexes. J Am Chem Soc, 1994, 116:8188-8199.

[3] Morteani A C, Dfoot A S, Kim J S, et al. Barrier-free electron-hole capture in polymer blend hetererojunction light-emitting diodes. Adv Mater, 2003, 15: 1708-1712.

[4] Li G, Kim C H, Zhou Z, et al. Combinatorial study of exciplex formation at the interface between two wide band gap organic semiconductors. Appl Phys Lett, 2006, 88: 253505-253507.

[5] Tong Q X, Lai S L, Chan M Y, et al. High-efficiency nondoped white organic light-emitting devices. Appl Phys Lett, 2007, 9: 023503-023505.

[6] Misra A, Kumar P, Kamalasanan M N, et al. White organic LEDs and their recent advancements. Semicond Sci Technol, 2006, 21: R35-R47.

[7] Kawamura Y, Yanagida S, Forrest S R. Energy transfer in polymer electrophosphorescent light emitting devices with single and multiple doped luminescent layers. J Appl Lett, 2002, 92: 87-91.

[8] Fang Y, Gao S, Yang X, et al. Charge-transfer states and white emission in organic light-emitting diodes: A theoretical investigation. Synth Met, 2004, 141: 43-47.

[9] 李文连. 有机光电子器件的原理、结构设计及其应用. 北京: 科学出版社, 2009: 136-148.

[10] Kamtekar K T, Monkman A P, Bryce M R. Recent advances in white organic light-emitting materials and devices（WOLEDs）. Adv Mater, 2010, 22:572-582.

[11] Jenekhe S A, Osaheni J A. Excimers and exciplexes of conjugated polymers. Science, 1994, 265: 765-768.

[12] Rabade A G, Morteani A C, Friend R H. Correlation of hetero-junction luminescence quenching and photocurrent in polymer-blend photovoltaic diodes. Adv Mater, 2009, 21:1-4.

[13] Huang Y, Westenhoff S, Avilov I, et al. Electronic structures of interfacial states formed at polymeric semiconductor heterojunctions. Nat Materials, 2008, 7: 483-489.

[14] Jankus V, Abdullah K, Gareth C, et al. The role of exciplex states in phosphorescent OLEDs with poly（vinylcarbazole）（PVK）host. Org Electron, 2015, 20: 97-102.

[15] Jankus V, Monkman A P. Is poly（vinylcarbazole）a good host for blue phosphorescent dopants in PLEDs? Dimer formation and their effects on the triplet energy level of poly（N-vinylcarbazole）and poly（N-ethyl-2-vinylcarbazole）. Adv Funct Mater, 2011, 121: 3350-3356.

[16] Su S J, Cai C , Takamatsu J. A host material with a small singlet-triplet exchange energy for phosphorescent organic light-emitting diodes: Guest, host, and exciplex emission. Org Electron, 2012, 13: 1937-1947.

[17] Kolosov D, Adamovich V, Djurovich P, et al. 1,8-Naphthalimides in phosphorescent organic LEDs: The interplay between dopant, exciplex, and host emission. J Am Chem Soc, 2002, 124: 9945-9954.

[18] Uloyama H, Goushi K, Shizul K, et al. Highly efficient organic light-emitting diodes from delayed fluorescence. Nature, 2012, 492: 234-239.

[19] Hu D H, Shen F Z, Liu H, et al. Separation of electrical and optical energy gaps for constructing bipolar organic wide bandgap materials. Chem Commun, 2012, 48: 3015-3017.

[20] Liu H, Cheng G, Hu D H, et al. A highly efficient, blue-phosphorescent device based on a wide-bandgap host/FIrpic: Rational design of the carbazole and phosphine oxide moieties on tetraphenylsilane. Adv Funct Mater, 2012, 22: 2830-2836.

[21] Yao L, Yang B, Ma Y G. Progress in next-generation organic electroluminescent materials: Material design beyond exciton statistics. Sci China Chem March, 2014, 57: 338-349.

[22] Li W J, Liu D D, Shen F Z, et al. Twisting donor-acceptor molecule with an intercrossed excited state for highly efficient, deep-blue electroluminescence. Adv Funct Mater, 2012, 22: 2797-2803.

[23] 李文连. 有机光电子器件的原理、结构设计及其应用. 北京: 科学出版社, 2009: 62-77.

[24] 李文连. 有机光电子器件的原理、结构设计及其应用. 北京: 科学出版社, 2009: 19-44.

[25] Schwartz G, Reineke S, Thomas C R, et al. Triplet harvesting in hybrid white organic light-emitting diodes. Adv Funct Mater, 2009, 19: 1319-1333.

[26] Kamtekar K T, Monkman A P, Martin R B. Recent advances in white organic light-emitting materials and devices（WOLEDs）. Adv Mater, 2010, 22: 572-582.

[27] Zhoua G , Wong W Y, Suo S , Recent progress and current challenges in phosphorescent white organic light-emitting diodes（WOLEDs）. J Photoch and Photobio C, 2010 11: 133-156.

[28] Kumar A, Srivastava R, Bawa S S, et al. White organic light emitting diodes based on DCM dye sandwiched in 2-methyl-8-hydroxy-quinolin olatolithium. J Lumin, 2010, 130: 1516-1520.

[29] Michaleviciute A, Gurskyte E, Yu D, et al. Star-shaped carbazole derivatives for bilayer white organic light-emitting diodes combining emission from both excitons and exciplexes. J Phys Chem C, 2012, 116: 20769-20778.

[30] Lee K S, Choo D C , Kim T W. White organic light-emitting devices with tunable color emission fabricated utilizing exciplex formation at heterointerfaces including m-MDATA. Thin Solid Films, 2011, 519: 5257-5259.

[31] Tong Q X, Lai S L, Chan M Y, et al. High-efficiency nondoped white organic light-emitting devices. Appl Phys Lett, 2007, 91: 023503-023505.

[32] Zhu J Z, Li W L, Han L L, et al. Very broad white-emission spectrum based organic light-emitting diodes by four exciplex emission bands. Opt Lett, 2009, 34: 2946-2948.

[33] Samarendra P S, Mohapatra Y N, Qureshi M, et al. White organic light-emitting diodes based on spectral broadening in electroluminescence due to formation of interfacial exciplexes. Appl Phys Lett, 2005, 86: 113505-113502.

[34] Zucchi G, Jeon T, Tondelier D, et al. White electroluminescence of lanthanide complexes resulting from exciplex formation. J Mater Chem , 2010, 20: 2114-2120.

[35] Liang C J, Zhao D, Hong Z R, et al. Improved performance of electroluminescent devices based on an europium complex. Appl Phys Lett, 2000, 65: 2124-2127.

[36] Hong Z R, Liang C J, Li R G, et al. Rare earth complex as a high-efficiency emitter in an

electroluminescent device. Adv Mater, 2001, 13: 124-129.

[37] Wang D Y, Li W L, Chu B, et al. Effect of exciplex formation on organic light emitting diodes based on rare-earth complex. J Appl Phys, 2006, 100: 024506-024209.

[38] Kalinowski J, Cocchi M, Virgili D, et al. Mixing of excimer and exciplex emission. A new way to improve white light emitting organic electrophosphorescent diodes. Adv Mater, 2007, 19: 4000-4005.

[39] D'Andrade B W, Brooks J, Adamovich V, et al. White light emission using triplet excimers in electrophosphorescent organic light-emitting devices. Adv Mater, 2002, 14: 1032-1036.

[40] Yang X H, Wang Z X, Madakuni S, et al. Efficient blue and white-emitting electrophosphorescent devices based on platinum（II）[1,3-difluoro-4,6-di（2-pyridinyl）benzene] chloride. Adv Mater, 2008, 20: 2405-2409.

[41] Murphy L, Brulatti P, Fattori V, et al. Blue-shifting the monomer and excimer phosphorescence of tridentate cyclometallated platinum（II）complexes for optimal white-light OLEDs. Chem Commun, 2012, 48: 5817-5819.

[42] Goushi K, Adachi C. Efficient organic light-emitting diodes through up-conversion from triplet to singlet excited states of exciplexes. Appl Phys Lett, 2012, 101: 023306-023309.

[43] Adachi C. Third-generation organic electroluminescence materials. JPN J Appl Phys, 2014, 53: 060101-060111.

第2章　基于激基复合物的电致发光机制及其高效 OLED 器件研究

2.1　引　言

现如今，有机发光二极管(organic light emitting diode，OLED)技术已经进入了产业化阶段。国内外广大科研人员和技术人员均致力于将 OLED 应用于中小型设备、室内外照明以及大面积平板显示领域。根据自旋统计，电极注入器件的电子和空穴形成的单-三重态激发态比例为 1∶3。而早期的基于荧光材料的 OLED 只能利用单重态激子发光，因此器件效率很低(小于 5%)，严重阻碍了 OLED 的实际应用。20 世纪 90 年代末，替代低效率荧光材料的磷光材料，由于可以实现高效稳定的 OLED 器件，已经成为 OLED 领域中的核心材料。然而，磷光材料仍然面临着一些亟待解决的技术性问题，例如：①磷光材料的分子结构局限于有机-金属配合物结构，严重依赖于 Ir、Pt 等贵重金属材料；②磷光材料很难实现纯正的蓝光发射。因此，在 OLED 领域中，仍然有必要探索新型高效的发光机理，设计新型的发光材料来克服传统荧光材料和磷光材料的缺点。在本章内容中，我们介绍最有可能实现以上目的的发光机理——热活化延迟荧光(thermally activated delayed fluorescence, TADF)机理，并详细探讨实现 TADF 的材料设计和选择所需遵循的规则、TADF 材料光电性质的表征手段以及这些性质对器件效率的影响、基于 TADF 材料的 OLED 器件设计和实现等内容。

热活化延迟荧光的主要机理为：当发光材料的激发态中电子和空穴的轨道云交叠很小时，由于电子和空穴交换能很小，激发态的单重态能量和三重态能量将会非常接近。当单-三重态能量差($\Delta E_{S\text{-}T}$)小于室温的 $k_B T$ (约 0.026 eV)时，三重态激发态可以被热活化而通过 RISC 转化为单重态激发态，从而贡献寿命较长的延迟荧光。早在 20 世纪 60 年代，人们就发现很多材料可以展现出热活化延迟荧光现象。在 1963 年，Parker 和 Hatchard 报道了曙红染料的热活化延迟荧光现象[1]。后来 Blasse 等于 1980 年首次报道了含铜有机金属配合物的热活化延迟荧光现象[2]。90 年代末，Berberan-Santos 等报道了富勒烯材料的热活化延迟荧光行为，并将该现象应用于氧含量和温度的探测[3]。限于篇幅，本书只讨论 TADF 机理在获得高效 OLED 器件中的应用。

按照 TADF 机理，能够实现电子和空穴的轨道分离的材料体系分为两种：由给体材料和受体材料混合组成的激基复合物体系和分子中同时含有给体和受体片段的分子内电荷转移材料。关于激基复合物的较为具体的理论早在 60 年代就在光化学领域建立起来，由于激基复合物是光化学反应的中间产物，其能量和衍化直接影响着化学反应的产率[4]。当时的理论就已成功地解释激基复合物具有较小的单-三重态能量差的事实。然而在 OLED 领域，最初是在解释器件中多余发光峰的来源时指出激基复合物的存在。这种激基复合物发光通常会影响原发光材料的发光纯度并降低器件效率。发现并将激基复合物的延迟荧光性质应用于有机电致发光，是在 2012 年由 Adachi 小组利用给体材料 m-MTDATA 和受体材料 B3PYMPM 首次实现的。利用该给受体组合激基复合物，Adachi 小组实现了 5.6% 的绿光器件外量子效率[5]。在这之后的几年里，大批的给受体材料组合被世界各国研究小组尝试应用于 OLED 领域[6]。到目前为止，基于激基复合物的 OLED 已经可以实现高效稳定单色光器件[7]。

2.2　基态、激发态和激基复合物分子内电荷转移态

2.2.1　有机材料的分子轨道能级

有机材料至少应含有碳氢两种元素。为了实现电致发光，需要选择发光光谱落在可见光范围(380～760 nm)的有机材料来制备 OLED。这个发光范围恰好与苯环的 π-π 跃迁具有重叠的能量，因此一般有机电致发光材料都含有苯环。有时需要在材料中引入含有 n 电子的 N、O 和 S 等元素来修饰发光材料，便可以形成杂环分子。在磷光材料中，为了实现更高的发光效率，需要在材料中引入 Ir 和 Pt 等重金属来实现磷光发射。为了更为准确地描述这些材料中电子和空穴的行为，需要引入分子波函数来描述分子中电子的状态。如果分子体系的波函数和所处的条件已知，则原则上可以得到体系光电过程的结果。但是事实上，人们很难精确地给出分子的初始状态和环境变化的描述，因此有必要对分子波函数进行简化处理。玻恩-奥本海默近似是应用最为广泛的近似处理方法之一，它是基于以下事实成立的：电子与核(有机分子或者离子实)的质量相差极大，当核的分布发生微小的变化时，电子能够迅速调整其运动状态以适应新的核势场，而核对电子在其轨道上的迅速变化却不敏感。这就允许我们分别考虑电子的轨道运动和核运动。另外，由于电子的自旋运动来源于磁的相互作用，而在有机材料中仅有微弱的磁的相互作用，因此可以避开电子轨道运动和核的运动来单独考虑其自旋运动。有机分子材料中，对于给定的核几何构型，假定单电子分子轨道可以由组成分子的各

个原子的电子轨道的线性组合来构成，然后将可用的电子按照一定的方式填充到各个分子轨道，建立起电子的一系列电子组态。其中最为重要的组态包括最低能量组态(基态组态)和第一激发态(相对较少的情况下也会考虑第二激发态的参与)。当大量相同分子聚集成固体时，由于泡利不相容原理，每一条分子轨道需要解除能量简并，形成类似无机材料的能带结构。一般情况下，薄膜状态的有机材料处于非晶态，其分子轨道能量符合正态分布，即能带中电子或空穴的状态密度符合正态分布。在各个能带中，最低未占据分子轨道(LUMO)与无机材料中的导带类似，最高占据分子轨道(HOMO)与无机材料中的价带类似。LUMO 中的电子和 HOMO 中的空穴可以传导电流，是有机材料中电荷输运的载流子，其浓度和迁移率对有机材料的光电性质起着决定性作用。

2.2.2　有机材料的基态和激发态

由于有机发光材料的介电常数非常小(为 3~10)，其发光过程与无机半导体发光过程有所不同。有机发光材料被光激发或者电激发后，位于分子 HOMO 的空穴和位于 LUMO 的电子将通过长程的库仑静电作用结合，形成 Frenkel 激子(exciton)，然后通过激子的辐射衰减来发出光子。相同的电子轨道组态可以形成两种激发态：在一种状态中，电子和空穴的自旋是配对的(反平行的)，称为单重态激发态；在另一种状态中，电子和空穴的自旋是不配对的(平行的)，称为三重态激发态。三重态的三种状态具有相同的能量，在外加磁场作用下，三种状态的能量解除简并，无外加磁场时单重态激发态的能量一般高于三重态激发态的能量。没有被激发的材料分子处于基态，基态的 HOMO 中两个电子的自旋是反平行的。激发态相对于基态具有更高的能量(属于亚稳态)，不能够长时间地稳定存在。不同材料体系的激发态由于分子结构和环境不同具有不同的激发态寿命。

2.2.3　单重态和三重态激基复合物

对于有机材料，电子态常常涉及来源于不同有机官能团的多种电子轨道组态，如含有 n 电子态和 π 电子态的电子轨道组态。而对于固定的电子轨道组态，电子和空穴结合成激发态时，按照自旋角动量的空间取向，仍然可以组合成不同的电子态，即单重态和三重态。虽然激基复合物由相互独立的给体和受体分子结合而成，在复合到基态时仍然要遵循泡利不相容原理。这是由于每个轨道可以占据两个电子的规律对于激基复合物体系仍然适用，激基复合物中电子与空穴复合时要保持反向平行的自旋位型。材料体系的单重态激基复合物和三重态激基复合物具有截然不同的发光行为，因此有必要详细了解激基复合物的不同自旋位型与其发光性质之间的联系。这里我们以简单的单电子轨道组态为基础来讨论激基复合物中单重态和三重态的形成和二者的能量差。

单–三重态激发态的主要差别在于自旋位型，可以这样简单地理解自旋：电子可以看作荷电粒子，由于它围绕着一个轴旋转，即自旋，因而具有自旋角动量。由于测不准原理要求电子自旋矢量具有某种不断运动的性质，因此我们把这种运动看作是沿着自旋轴的磁矩矢量的进动。相对于分子结构框架或者外加磁场，电子自旋矢量可以有确定的方向。并且，按照量子力学的要求，只存在两个可观察的矢量投影方向，这两个允许的矢量方向可以用自旋角动量在任意方向的分量来描述，即 $\pm 1/2\ \hbar$。我们在空间选取任意轴，而在该轴上自旋矢量的分量是向上或者向下的。简记向上的自旋矢量为 α 自旋，向下的自旋矢量为 β 自旋。一般而言，由对自旋矢量起作用的磁场来确定自旋矢量的进动轴，自旋矢量倾向于围绕与其耦合最强的(或者叠加的)磁场方向进动。

在激发态中，由于电子和空穴并不需要按照轨道配对，分别占据了不同的轨道，并不受到泡利不相容原理的约束，因此可以同时存在自旋同向平行和反向平行的情况。现在考虑一个电子组态体系 $\Phi_e\Phi_h$，单电子分子轨道 Φ_e 不等于 Φ_h。自旋矢量 φ_e 和 φ_h 分别描述处于 Φ_e 和 Φ_h 态的电子自旋波函数，只能取 α 或者 β。因此可以以四个可能的自旋矢量表示激发态中电子空穴组态的电子态自旋位型。按照量子力学，电子和空穴的总自旋量子数 S 可以取值 0 和 1。只有完全同相或者完全异相的位型才是稳定的，如图 2-1 所示。当 S 取 0 时，对应于完全异相的情况，此时自旋磁量子数 M 只能取 0，即自旋单重态 S_1。而当 S 取 1 时，对应于完全同相的情况，此时 M 可以有 0 和 ± 1 三种取值，即自旋三重态 T_0、T_1 和 T_{-1}。在没有外加磁场的情况下，三种三重态对应完全相同的能量。而当存在外加磁场时，由于每种三重态的自旋总角动量取向相对于磁场方向的不同，三种状态将对应于不同的磁场能量，解除能量简并。

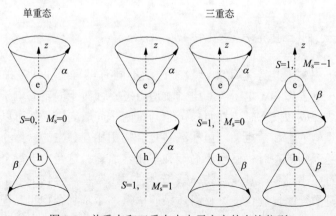

图 2-1　单重态和三重态中电子空穴的自旋位型

一般情况下，由同一电子轨道组态构成的单重态具有相对三重态更高的能量，二者之间的能量差来源于三重态中电子和空穴的运动具有较好的相关性。对于有机发光材料，由于传统材料的三重态一般不参与发光，而较低的能量会猝灭单重态的发光，因此讨论材料单重态和三重态的能量及其能量间隙是非常有必要的。我们把激发态的能量看作是轨道能量与电子相斥能量之和。这样基态能量和激发态能量可以表达为

$$E(S_0)=0 \tag{2-1}$$

$$E(S_1)=E_0+K+J \tag{2-2}$$

$$E(T_1)=E_0+K-J \tag{2-3}$$

式中，K 为库仑相互作用能；J 为电子交换作用能；K 和 J 都是正的量值。单–三重态能量差为

$$\Delta E_{S\text{-}T}=E(S_1)-E(T_1)=2J>0 \tag{2-4}$$

可以看出，由于 J 大于 0，单重态的能量始终高于三重态能量。对于有机发光材料(单分子)，这个差值往往高达 0.5 eV，因此三重态很难吸收能量转化为单重态激发态。热活化延迟荧光要求材料的这一能量差具有与室温 k_bT 相比拟的量，即约 0.026 eV。这就要求 J 具有很小的值，也就意味着激发态中电子和空穴的轨道电子云交叠尽可能小。激基复合物由于其电子和空穴分别位于给受体分子中，在空间上二者的轨道电子云交叠接近于零，因此激基复合物的单–三重态能量差是接近于零的。

2.2.4 跃迁、内转换和系间窜越

激基复合物在其寿命时间内，可以通过不同的衰减过程释放能量，最终转化为给受体基态，这些衰减过程包括各个激发态之间或者激发态与基态之间相互转化的过程。一般可以将这些过程分为释放光子的辐射跃迁过程和释放声子(分子振动)的非辐射跃迁过程。经过辐射跃迁过程，激发态将能量以光子的形式释放而衰减转变为基态。而在非辐射跃迁过程中，激发态将能量以热量的形式转化为分子振动能量。为了获得高效的发光材料，我们在设计和选择材料时，应尽量减小材料激发态的非辐射跃迁过程。图 2-2 所示为激基复合物激发态寿命期间涉及的具体转化过程。

(1) 内转换(IC)过程。在光致发光过程中，有机分子吸收光子跃迁到高能级的激发态。如果激发光光子能量足够高，可以实现材料第一激发态以上的激发，包括 S_2、S_3…和 T_2、T_3…激发态。这些高能级的激发态相对于第一激发态 S_1 或者 T_1 具有更高的能量，因此稳定性更差，具有非常短的激发态寿命。第二及以上激

发态一般会通过内转换过程转化为相同自旋组态的第一激发态(S_1 和 T_1)。高激发态的寿命相对于第一激发态的寿命要短很多，一般在皮秒量级。

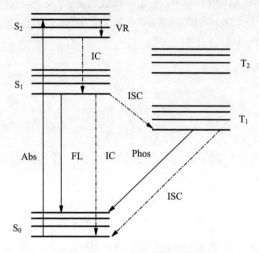

图 2-2　有机材料的 Jablonski 图

Abs、FL 和 Phos 代表吸收光、发射荧光和发射磷光；IC 和 ISC 代表内转换和系间窜越；VR 代表振动弛豫；S 和 T 代表单重态和三重态；下标 0、1 和 2 代表基态、第一和第二激发态

(2)振动弛豫(VR)过程。如果激发光光子的能量介于两个激发态之间，则可以实现同一激发态中较高振动能级的激发，使分子处于热(hot)激发态。热激发态快速地与分子几何构型发生能量交换，而热激发态本身转化为该激发态的最低能量振动态，这一过程称为振动弛豫(relax)。振动弛豫是一个非常短暂的过程，处于热激发态的分子将在飞秒量级的时间内将振动能量传递给环境。

(3)系间窜越(ISC)过程。一般情况下，由于同一激发态的三重态能量低于其单重态能量，光激发或者电激发形成的单重态激光态可以自发地转化为低能量的三重态激发态。对于一般的材料，也会出现高激发态的三重态能量高于低激发态单重态能量的情况($T_2 > S_1$)，这时三重态激发态也可以在适当的条件下转化为单重态。这种不同自旋位型体系之间的转化过程，称为系间窜越过程。然而由于在发光领域中，一般只涉及第一激发态，并且第一激发态的三重态能量低于单重态能量，系间窜越通常单指 S_1 向 T_1 的转化。而 T_1 向 S_1 的转化过程，则特别地称为反向系间窜越过程。

(4)反向系间窜越(RISC)过程。如果体系的单重态激发态和三重态激发态的能量非常接近，则可以实现单-三重态之间的转化，这个过程称为反向系间窜越过程。由于激基复合物的 HOMO 和 LUMO 分别属于不同的分子，二者的交叠成分很小，所以小的单-三重态能量差是激基复合物的基本属性。从能量的角度讲，这也是实现 RISC 过程以及后续的延迟荧光的前提。正是由于这一属性,激基复合物被广泛地应用于 OLED 器件中来实现高效发光。

(5)荧光、延迟荧光和磷光过程。由单重态激发态直接复合发出光子并转化为基态的过程,称为荧光过程。相应地,由三重态激发态直接复合发出光子并转化为基态的过程,称为磷光过程。对于不含重金属的有机材料,室温下其磷光过程非常微弱,因此观测材料的磷光常常需要在液氮温度下实现。含有重金属的材料,由于引入了自旋轨道耦合,实现了单重态和三重态的成分互混,在常温下即体现出磷光发射。由三重态激发态转化为单重态激发态进而复合发出光子并转化为基态的过程,称为延迟荧光(DF)过程。当三重态能量非常接近单重态能量时,三重态可以在较高温度的情况下实现 RISC 过程转化为单重态。这个过程常常受到温度的影响,因此称为热活化延迟荧光过程。而当材料的三重态能量接近于单重态能量的一半时,可以通过两个三重态融合(triplet-triplet annihilation, TTA)而转化成一个单重态,进而复合发出延迟荧光。

2.3　激基复合物的 TADF 物理机制

2.3.1　给受体混合体系的吸收特性

给受体间激基复合物对应于在给(受)体材料激发态与受(给)体材料基态之间形成的分子间电荷转移激发态。当给体和受体材料通过(但不限于)真空蒸镀或者旋涂混合为薄膜时,由于给受体材料之间的接触距离很小,给受体混合薄膜体系常会表现出有别于给体材料和受体材料的光电性质。激基复合物便是很多给受体混合薄膜在光激发或者电激发下给受体之间电荷转移特性的表现。

值得注意的是,由于电荷转移,很多给受体材料以薄膜的形式混合在一起时,不需光激发或者电激发便已经形成了新的组合基态结构。对于这种给受体组合,混合薄膜的光学吸收特性会出现新的吸收峰,而不是简单的给受体材料的吸收强度的线性叠加。这种给受体组合是不同于激基复合物的,激基复合物的受体基态之间没有发生明显的电荷转移,而是特指给体材料和受体材料之间在电激发或者光激发下,由于电荷转移形成的激发态。因此,在判断激基复合物形成与否时,常常需要检验给受体体系是否形成了新的吸收峰,如果形成了新的吸收峰,则该组合不属于本章讨论范围。图 2-3 所示为文献报道的激基复合物的吸收曲线,该激基复合物由给体材料 m-MTDATA 和受体材料 PBD 组成[8]。从图中可以看到,给受体混合薄膜的吸收曲线为给体材料吸收线和受体材料吸收线的叠加,并没有形成新的吸收峰,这是判断激基复合物形成的依据之一。

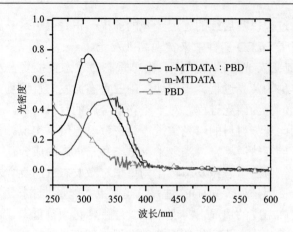

图 2-3　　m-MTDATA：PBD 混合薄膜的吸收曲线[8]

2.3.2　光致发光光谱、时间分辨光谱和电致发光光谱

激基复合物既可以在光激发条件下形成，也可以在电激发条件下形成，两种形成过程具有明显的区别，但是具有相同的激发态结果。大多数激基复合物形成的前提条件包括：①给受体材料分子间距很小，多为固体之间的接触；②给体材料 HOMO 能级高于受体材料 HOMO 能级，而给体材料 LUMO 能级高于受体材料 LUMO 能级，如图 2-4 和图 2-5 所示能级位置。

在光激发条件下，一部分给(受)体分子由于吸收光子，形成给(受)体激发态，即激子。随后的激基复合物的形成过程如图 2-4 所示。处于激发态的给(受)体材料与邻近的处于基态的受(给)体材料之间形成激基复合物 D^+A^-。

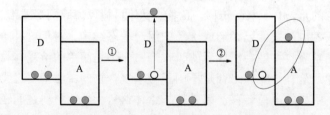

图 2-4　激基复合物的光致发光过程示意图

过程①，给体材料在光激发下形成给体激子；过程②，给体激子与基态受体之间通过电荷转移过程形成激基复合物

在电激发条件下，激基复合物的形成过程如图 2-5 所示。电子和空穴分别在电场下注入受体材料 LUMO 和给体材料的 HOMO 上，带正电荷的给体材料与邻近的带负电的受体材料之间通过库仑相互作用形成激基复合物 D^+A^-。

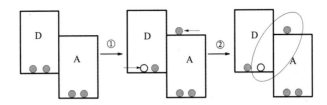

图 2-5　电激发下激基复合物形成示意图

过程①，电子和空穴分别在电场下注入受体材料 LUMO 和给体材料的 HOMO；过程②，带正电的给体材料与带负电的受体材料直接形成激基复合物

激基复合物的跃迁能量可以表示为

$$h\nu_{\text{exciplex, max}}=\text{IP}_{\text{D}}-\text{EA}_{\text{A}}-E_{\text{C}} \tag{2-5}$$

式中，IP_{D} 和 EA_{A} 分别表示给体材料的离化能和受体材料的电子亲和势；E_{C} 表示带正电的给体材料与带负电的受体材料间的库仑吸引能。一些给受体聚合物之间由于局域能级的存在，也可以形成 LUMO_{D} 和 HOMO_{A} 之间的电荷转移态。

在表征激基复合物的性质时，常用的表征手段之一是光致发光光谱。由于激基复合物形成于给体材料 HOMO 和受体材料 LUMO 之间，其激发态能量小于给受体各自激子的能量，因此激基复合物光致发光光谱相对于给受体材料的光致发光光谱常会发生明显的红移。图 2-6 给出的是激基复合物及其组分发光光谱的两个实例[5]。类似于吸收特性中没有出现新的吸收峰，相对于给受体材料的光致发光光谱常会发生明显的红移，是验证激基复合物形成的第二个有力证据。

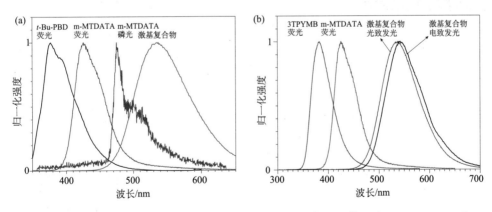

图 2-6　(a) 激基复合物 m-MTDATA：t-Bu-PBD 的光致发光光谱，以及 m-MTDATA 和 t-Bu-PBD 的荧光光谱；(b) 激基复合物 m-MTDATA：3TPYMB 的电致发光光谱和光致发光光谱，以及 m-MTDATA 和 3TPYMB 的荧光光谱[5]

由于激基复合物光致发光过程多数为复杂的多指数衰减过程(详见 2.3.3 节)，因此有必要表征激基复合物在不同衰减时间范围内的光谱变化行为，即时间分辨光致发光光谱。由于激基复合物在光激发下的跃迁行为涉及多个能级，激基复合物在不同衰减时间范围的时间分辨光谱并不完全一致。图 2-7(a)给出的是 m-MTDATA：Bphen 激基复合物的时间分辨光致发光光谱，可以看到，在不同的衰减时间范围内发光光谱几乎不变。而不同时间范围内基本一致的时间分辨光谱是后续讨论的激基复合物的 TADF 特性的基本前提。

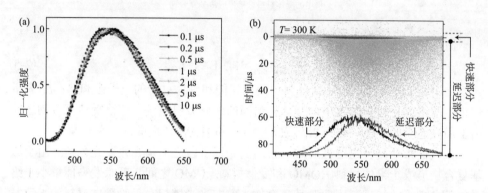

图 2-7　(a) m-MTDATA：Bphen 激基复合物的时间分辨光致发光光谱[9]；(b) m-MTDATA：PBD 激基复合物的时间分辨光谱[5]

由于在电激发条件下所形成的激基复合物与光激发条件下形成的激基复合物完全相同，具有一致的激发态能量，因此电激发下形成的激基复合物应该具有与光激发下激基复合物相同的发光光谱。图 2-7(b)是 m-MTDATA：PBD 形成的激基复合物在电激发下的时间分辨光谱，其快速荧光部分和延迟荧光部分的发光光谱稍有不同。

2.3.3　光致发光寿命和电致发光寿命

发光寿命是表征材料发光特性的重要指标之一。从材料的光致发光衰减曲线可以得到发光涉及的衰减过程，即发光成分。而不同发光成分的衰减寿命的长短最终决定了 OLED 器件的性能。

由于激基复合物发光会涉及三重态激发态的参与(详见 2.3.4 节)，激基复合物的光致发光寿命一般为双指数或多指数衰减过程，而其中的长寿命成分发光可以持续微秒量级的发光。图 2-8 所示为 m-MTDATA：3TPYMB 激基复合物的光致发光寿命和电致发光寿命图。

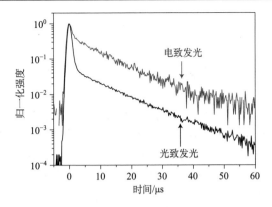

图 2-8　m-MTDATA∶3TPYMB 激基复合物的
光致发光寿命和电致发光寿命图[5]

　　而激基复合物的电致发光衰减过程要比光致发光过程复杂得多。这是由于激基复合物的激发态寿命较长，电致发光过程常常涉及电子和空穴之间的浓度和迁移率平衡，以及薄膜中缺陷态对发光过程的影响。正是由于这些因素，激基复合物的电致发光衰减过程常依赖于器件中给受体混合比例和载流子传输层的厚度。

2.3.4　温度的影响

　　热活化延迟荧光(TADF)是激基复合物的重要特性之一，是其高发光效率的来源，也是目前的科研热点。温度对激基复合物发光性质的影响是 TADF 研究的核心内容。由于激基复合物的电子和空穴轨道电子云分别占据于受体材料和给体材料，因此电子空穴轨道电子云交叠很小，单重态激发态和三重态激发态的能级非常接近，能量差一般小于室温下的 k_BT 值 0.026 eV。较小的 ΔE_{S-T} 使得三重态激基复合物在一定的温度下可以吸收声子能量而具有高于(或等于)单重态激发态的能量。这就说明，存在温度阈值 $T_{turn-on}$，即当温度高于该值时，三重态激发态可以通过 RISC 转化为单重态激发态，从而贡献延迟荧光成分。值得注意的是，延迟荧光由于直接来源于单重态激发态的复合，因此仍然是荧光而不是磷光，但是由于需要额外的 RISC 过程而具有更长的发光寿命。通过测量不同温度下激基复合物光致发光寿命来研究 RISC 温度阈值，进而可以得到激基复合物单-三重态激发态能量间距 ΔE_{S-T}。具体来说，从实验方面，

$$k_{\text{RISC}} = \frac{k_{\text{DF}} k_{\text{PF}}}{k_{\text{ISC}}} \frac{\varphi_{\text{DF}}}{\varphi_{\text{PF}}} \tag{2-6}$$

$$k_{\text{RISC}} \propto \exp\left(\frac{\Delta E_{\text{S-T}}}{k_{\text{B}}T}\right) \tag{2-7}$$

这样可以通过 $\Delta E_{\text{S-T}}$ 的不同来对比研究不同的激基复合物给受体组合。最初研究人员通过激基复合物寿命中的长短两个成分随温度变化的对数图，即阿伦尼乌斯图，来获得激基复合物的 $\Delta E_{\text{S-T}}$。图 2-9（a）所示为 Adachi 小组报道的 m-MTDATA：PBD 激基复合物的阿伦尼乌斯图，该图得到的 $\Delta E_{\text{S-T}}$ 值为 50 meV[5]。然而，后来研究人员发现，在极低的温度下（$k_{\text{B}}T$ 值远远小于阿伦尼乌斯图得到的 $\Delta E_{\text{S-T}}$），激基复合物发光已经表现为双指数衰减，并且随着温度升高到室温，激基复合物发光衰减曲线中长寿命成分被严重猝灭，如图 2-9（b）所示[9]。Zhang 等通过系统地研究不同温度下激基复合物发光衰减曲线，得出 $\Delta E_{\text{S-T}}$ 接近于零的结论[10]，后来得到了不同小组的实验证实[8]。

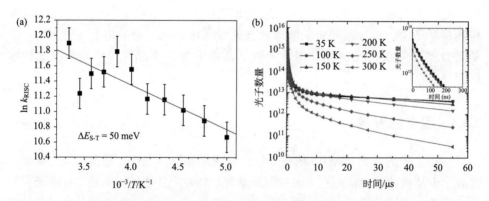

图 2-9　（a）激基复合物 m-MTDATA：PBD 的阿伦尼乌斯图[5]；（b）激基复合物 TCTA：
B3PYMPM 在不同温度下的光致发光寿命[10]

2016 年，首尔国立大学的 Kim 小组将具有高电子迁移率的受体材料 B4PYMPM 与 TCTA 结合，形成激基复合物，该激基复合物在不同温度下的 PL 衰减行为和 TCTA：B3PYMPM 的行为类似[11]。该小组利用 TCTA：B4PYMPM 作为发光层制备了器件，并获得了室温下和低温 150 K 下 11% 和 25.2% 的器件 EQE。通过对比两种激基复合物的发光动力学过程，作者发现，尽管 TCTA：B3PYMPM 具有相对 TCTA：B4PYMPM 更高的 RISC 速率常数（二者分别为 $7.11\times10^4\,\text{s}^{-1}$ 和 $5\times10^4\,\text{s}^{-1}$），但是 TCTA：B3PYMPM 具有更快的三重态激基复合物非辐射跃迁速率常数（分别为 $1.27\times10^7\,\text{s}^{-1}$ 和 $2.44\times10^5\,\text{s}^{-1}$）。而在低温下，通过测量和计算 TCTA：B4PYMPM 的 PL 衰减行为，作者发现，低温可以进一步抑制三重态激基复合物的非辐射跃迁（200 K 下 $1.05×10^4$ s^{-1}），因此器件具有更高的 EQE。

2.3.5　基于间隔层的激基复合物

激基复合物的电子和空穴分别位于给受体分子，这使得实现激基复合物浓度调节和给受体间距调节成为可能。考虑激基复合物较长的激发态寿命和混合膜中较高的激基复合物浓度，基于激基复合物的器件常表现出较荧光 OLED 更为明显的效率滚降现象。

Yan 等在给受体混合薄膜中掺入不参与形成激基复合物的间隔层（spacer）来稀释激基复合物的浓度[12]。采用 m-MTDATA 和 Bphen 作为给受体材料，NPB 作为间隔层材料，制得的器件其效率滚降比基于纯激基复合物的小。同时作者发现，不同的间隔层掺杂浓度可以影响激基复合物的 PL 寿命：随着 NPB 掺杂浓度从 0% 增加到 20%，延迟荧光寿命变短，而成分比例增加，但是快速荧光寿命的长度却不受间隔层的浓度影响。

Adachi 小组则考虑分层间隔层对激基复合物的光电性能影响。该小组采用 m-MTDATA 和 T2T 分别作为给受体材料，采用 mCBP 作为间隔层材料[13]，如图 2-10 所示。作者发现随着 mCBP 的厚度从 0 nm 增加到 15 nm，空间分离的给受体之间仍然可以形成激基复合物。图 2-11 所示为该分层结构的 PL 光谱，从图中可以看出，随着间隔层厚度的增加，激基复合物的发光强度减弱，但是仍然可以被分辨出，即实现了长距离的电子空穴耦合。

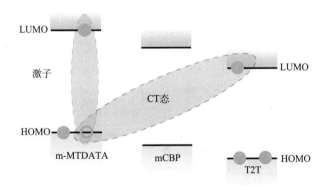

图 2-10　m-MTDATA：T2T 激基复合物中分层间隔层结构示意图[13]

该激发过程可以理解为：由于 mCBP 的 HOMO 和 LUMO 分别位于 m-MTDATA 和 T2T 的 HOMO 和 LUMO 之间，如图 2-10 所示。被光激发的 m-MTDATA 首先形成给体激子，该激子通过电荷转移与基态的 mCBP 形成弱的激基复合物 m-MTDATA：mCBP；由于 m-MTDATA：T2T 的能量较 m-MTDATA：mCBP

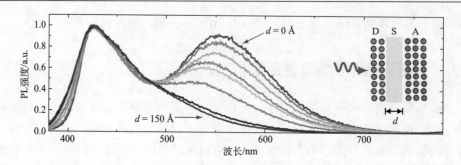

图 2-11　m-MTDATA：T2T 激基复合物的 PL 光谱随着分层间隔层厚度的变化[13]

更低（或者说 T2T 的 LUMO 更低），m-MTDATA：T2T 中的电子进一步发生电荷转移而形成能量最低的 m-MTDATA：T2T 激基复合物。在这个过程中，电子经历了长达 10 nm 的能量阶梯式转移。而 T2T 被激发的情况是类似的，整个光物理过程可以通过图 2-12 来描述。由于 m-MTDATA：T2T 激基复合物的能量最低，给体和受体被激发的情况下分别有 $k_1>k_3$ 和 $k_4>k_2$，三种激基复合物均可以通过电子空穴复合而跃迁回到基态。

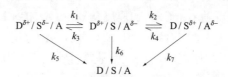

图 2-12　分层激基复合物的激发态能量阶梯转移示意图[13]

作者进一步研究了基于该分层间隔的激基复合物的电致发光特性。由于给体和受体相对于间隔层的 HOMO 和 LUMO 较大的势垒，在外加电场下，空穴和电子分别聚集在给体间隔层和受体间隔层界面，而形成长距离耦合的激基复合物。该器件的 EL 光谱与 PL 光谱大致相同。作者通过测量不同间隔层厚度器件的瞬态 EL 寿命发现，随着间隔层厚度从 0 nm 增加到 5 nm，器件电致发光寿命中延迟荧光部分的寿命从 4.3 μs 增加到 13.2 μs。作者认为随着电子和空穴空间的分离，其库仑吸引作用变弱，静电吸引能量降低，因此器件光谱随着间隔层增加而出现峰值蓝移现象。同时由于电子空穴距离变大，二者轨道交叠进一步减小，因此含有间隔层的激基复合物体系较无间隔层的激基复合物体系具有更小的单-三重态能量差。这使得三重态更容易实现 RISC，三重态激基复合物具有更小的非辐射跃迁速率。因此，基于间隔层的激基复合物器件的效率相对于无间隔层的器件的效率提高了 8 倍。

2.3.6   小结

虽然激基复合物的电子和空穴轨道分离符合 TADF 机理，但是实验上观察到的很多现象仍然尚未得到合理解释：①在很低的温度下激基复合物的 PL 寿命就含有延迟成分，这与阿伦尼乌斯图得到的单–三重态能量间距并不一致，并且随着温度升高，延迟成分减弱，这暗示 TADF 理论框架在描述激基复合物时尚不够完善；②激基复合物的 PL 中延迟成分对应的光谱会出现相对于快速荧光红移的现象，虽然科研人员做出了解释，但是仍然缺乏直接证据，换句话说，如果延迟荧光来自三重态向基态的直接跃迁，则 TADF 理论将完全不适用；③尽管激基复合物体系较荧光和磷光体系更为复杂，固有的组合性质仍然留给科研人员更为丰富的操纵自由度，间隔层的引入仍然处于初步探索阶段，按照 Adachi 的实验结果，激基复合物中电子和空穴可以实现长距离的耦合，那么同样由给受体材料组成的太阳电池中的电荷分离过程需要重新加以描述。综上可见，人们对于激基复合物的认识还有待于加深和扩充。

2.4   TADF 机理和发光动力学过程

2.4.1   发光动力学过程

热活化延迟荧光材料的电致发光和光致发光动力学过程可以归纳为图 2-13。整个发光过程包含两个发光成分：快速荧光成分和延迟荧光成分。在快速荧光过程中，S_1 激发态到 S_0 基态的衰减很快，约为纳秒量级。而延迟荧光过程中，三重态 T_1 激发态需要先通过 RISC 过程转化为 S_1 激发态，这一过程将延迟荧光的寿命延长到微秒甚至毫秒的量级。值得一提的是，不论是光激发还是电激发，由于单重态激发态的能量高于三重态激发态的能量，单重态 S_1 激发态更容易转向三重态 T_1 激发态，但是 S_1 的衰减速率远大于 T_1 的衰减速率。总的结果是，各个激发态之间会形成动态平衡。从理论上，移除激发源后，S_1 和 T_1 的衰减速率可以表示为[6]

$$\frac{d[S_1]}{dt} = -\left(k_r^S + k_{nr}^S + k_{ISC}\right)[S_1] + k_{RICS}[T_1] \tag{2-8}$$

$$\frac{d[T_1]}{dt} = -\left(k_{nr}^T + k_{RISC}\right)[T_1] + k_{ICS}[S_1] \tag{2-9}$$

解以上两个微分方程，可以得到双指数形式的解析解：

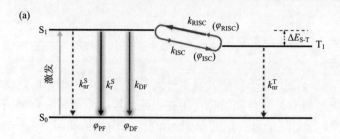

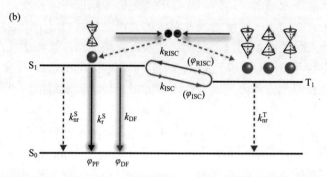

图 2-13　热活化延迟荧光材料的光致发光过程(a)和电致发光过程(b)机理示意图[6]

k 表示过程的转化速率常数,下标 r、nr 和 DF 依次表示辐射跃迁、非辐射跃迁和延迟荧光发射过程,ISC 和 RISC 分别表示系间窜越过程和 RISC 过程,上标 S 和 T 分别表示单重态和三重态

$$[S_1] = C_1 \exp(k_{PF}t) + C_2 \exp(k_{DF}t) \tag{2-10}$$

其中

$$k_{PF}, k_{DF} = \frac{k_r^S + k_{nr}^S + k_{ISC} + k_{nr}^T + k_{RICS}}{2} \times 1$$
$$\pm \sqrt{1 - \frac{4(k_r^S + k_{nr}^S + k_{ISC})(k_{nr}^T + k_{RICS}) - 4k_{ISC}k_{RISC}}{(k_r^S + k_{nr}^S + k_{ISC} + k_{nr}^T + k_{RICS})^2}} \tag{2-11}$$

当除 RISC 之外的 T_1 衰减渠道可以忽略时,单重态的辐射和非辐射速率以及系间窜越速率将远远大于 T_1 的非辐射衰减和 RISC 速率,因此快速荧光速率常数和延迟荧光速率常数可以简化为

$$k_{PF} = k_r^S + k_{nr}^S + k_{ISC} \tag{2-12}$$

$$k_{DF} = k_{nr}^T + \left(1 - \frac{k_{ISC}}{k_r^S + k_{nr}^S + k_{ISC}}\right)k_{RISC} \tag{2-13}$$

而快速荧光和延迟荧光的荧光效率则可以表示为

$$\varphi_{PF} = \frac{k_r^S}{k_r^S + k_{nr}^S + k_{ISC}} = \frac{k_r^S}{k_{PF}} \tag{2-14}$$

$$\varphi_{DF} = \sum_{k=1}^{\infty} \left(\varphi_{ISC} \varphi_{RISC} \right)^k \varphi_{PF} = \frac{\varphi_{ISC} \varphi_{RISC}}{1 - \varphi_{ISC} \varphi_{RISC}} \varphi_{PF} \tag{2-15}$$

其中 φ_{ISC} 和 φ_{RISC} 分别为 S_1 的系间窜越效率和 T_1 的反向系间窜越效率：

$$\varphi_{ISC} = \frac{k_{ISC}}{k_r^S + k_{nr}^S + k_{ISC}} = \frac{k_{ISC}}{k_{PF}} \tag{2-16}$$

$$\varphi_{RISC} = \frac{k_{RISC}}{k_{nr}^T + k_{RISC}} \tag{2-17}$$

在实验上，可以通过区分材料的整体荧光效率中不同寿命（τ_{PF} 和 τ_{DF}）的快速荧光成分和延迟荧光成分来得到 φ_{PF} 和 φ_{DF}，因此，可以进一步得到快速荧光和延迟荧光的速率常数：

$$k_{PF} = \frac{\varphi_{PF}}{\tau_{PF}} \tag{2-18}$$

$$k_{DF} = \frac{\varphi_{DF}}{\tau_{DF}} \tag{2-19}$$

而单重态的系间窜越速率常数为

$$k_{ISC} = \frac{\varphi_{DF}}{\varphi_{DF} + \varphi_{PF}} k_{PF} \tag{2-20}$$

三重态的反向系间窜越速率常数为

$$k_{RISC} = \frac{k_{DF} \varphi_{RISC}}{1 - \varphi_{ISC} \varphi_{RISC}} \tag{2-21}$$

也可以写为

$$k_{RISC} = \frac{k_{DF} k_{PF}}{k_{ISC}} \frac{\varphi_{DF}}{\varphi_{PF}} \tag{2-22}$$

$$k_{RISC} \propto \exp\left(\frac{\Delta E_{S-T}}{k_B T} \right) \tag{2-23}$$

对于热活化延迟荧光 OLED 器件，器件的外量子效率（EQE）可以表示为

$$\begin{aligned}
EQE &= \gamma \eta_r \eta_{PL} \eta_{out} \\
&= \gamma \left[\sum_{k=0}^{\infty} 0.75 \varphi_{PF} \varphi_{RISC} \left(\varphi_{ISC} \varphi_{RISC} \right)^k + 0.25 \varphi_{PF} \left(\varphi_{ISC} \varphi_{RISC} \right)^k \right] \eta_{out} \\
&= \gamma \left[0.25 \varphi_{PF} + \frac{0.75 + 0.25 \left(1 - \varphi_{PF} \right)}{1 - \varphi_{PF}} \varphi_{DF} \right] \eta_{out}
\end{aligned}$$

$$= \gamma \left[0.25(\varphi_{PF} + \varphi_{DF}) + 0.75 \frac{\varphi_{DF}}{1 - \varphi_{PF}} \right] \eta_{out}$$

$$= \gamma \left[0.25\eta_{PL} + 0.75 \frac{\varphi_{DF}}{1 - (\eta_{PL} - \varphi_{DF})} \right] \eta_{out}$$

(2-24)

其中，γ 表示平衡因子，通常为 1；η_r 表示辐射跃迁激子的占比；η_{PL} 表示辐射跃迁效率；η_{out} 表示光耦合输出效率。

2.4.2　与 TTA 过程的区别

延迟荧光与传统荧光发光相比所具有的特征为该荧光的发光过程含有两个成分，一个快速成分和一个延迟成分，而这两个成分的光谱是一致的。按照延迟荧光中延迟成分的来源，可以将延迟荧光分为两类：基于三重态激子猝灭(TTA)的延迟荧光[14, 15]和基于三重态 RISC 到单重态激发态的热活化延迟荧光(TADF)[16]。图 2-14 所示为两种发光机制的能量过程示意图。

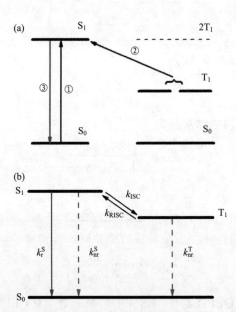

图 2-14　(a)三重态-三重态猝灭产生延迟荧光的过程示意图；(b)热活化延迟荧光的能量过程示意图

图(a)中，过程①表示基态吸收光子，形成单重态激基复合物；过程②表示两个三重态激基复合物结合，形成一个单重态激基复合物；过程③表示荧光过程

　　一般荧光材料的最低三重态激发态 T_1 能量要低于其最低单重态激发态 S_1 能量。由于在光致发光和电致发光过程中 T_1 的寿命较长(一般为微秒量级)，三重态激发态在其寿命时间范围内可以经历非常丰富的衰减过程，包括三重态激发态之间的湮灭(TTA)过程，三重态激发态与单重态激发态之间的湮灭(STA)过程，三重态激发态与自由载流子以及陷阱态激发态和载流子之间的相互作用，三重态激发态与声子相互作用转化为单重态激发态等:

$$S^*\left(T^*\right) + P \longrightarrow S_0 + P^* \tag{2-25}$$

$$T^* + T^* \longrightarrow \frac{1}{4}S^* + \frac{3}{4}T^* + S_0 \tag{2-26}$$

$$S^*\left(T^*\right) + p \longrightarrow S_0 + P \tag{2-27}$$

$$S^* + T^* \longrightarrow T^{**} + S_0 \tag{2-28}$$

$$T^* + \hbar\omega \longrightarrow S^* \tag{2-29}$$

其中，上标*代表激发态，上标**代表高激发态，下标 0 代表基态，P 和 p 分别代表自由和陷阱态载流子，$\hbar\omega$ 代表声子。其中能够贡献延迟荧光的过程包括过程(2-26)和过程(2-29)。当一种材料的 T_1 能量接近 S_1 的一半时，两个 T_1 会相互耦合组成复杂的能量接近于 S_1 的耦合态。因为 T_1 具体又可以分为 T_+、T_- 和 T_0 三重简并态，所以理论上由两个 T 参与的 TTA 过程可以形成九种组合的耦合态。在大多数情况下，这九种耦合态的能量并不相同。具体的分子结构将对这些耦合态的线性叠加产生影响，使其重新组合并形成不同简并度的简并态，如五重态和四重态，其中能量最低的组态被定义为 TTA 形成的 S_1 态。由于 S_1 能量相当于 T_1 能量的 2 倍，这类材料的 S_1 也会经历与 TTA 相反的 S_1 分裂，形成两个 T_1 的分裂过程。当 T_1 大于、等于或者小于 S_1 能量的一半时，依次会出现转化的吸热、等热和放热过程。S_1 与 T_1 之间以 TTA 为主要形式相互转化的过程已经细分为一个具体的研究方向，其具体转化的量子理论基础可以参考综述。而在本讨论中，仅限于其对 OLED 外量子效率的贡献。由于传统的荧光材料的内量子效率受限于 S_1 的形成概率，仅为 25%，很多研究人员从 2000 年以来就致力于利用荧光材料的 T_1 发光。到目前为止，大量的荧光材料都具有 TTA 特性，如橙光材料中的红荧烯(Rubrene)[17]，绿光材料中的 C545T[18]，蓝光材料中的 BCzVBi[19]、DPVBi[20]、AND 等。由于在电致发光过程中，在自旋统计平衡下形成的 T_1 和 S_1 态分别为 75%和 25%。假设所有的 T_1 态都通过 TTA 过程转化为 S_1 态，则 75%的 T_1 可以转化为 37.5%的 S_1，加上原有 25%的 S_1，可以获得理论上 TTA 方式最大的内量子效率——62.5%。与 TTA 过程不同，TADF 过程的 T_1 吸收声子可以直接转化为 S_1 态，因而具有 100%的理论内量子效率上限。

　　单纯从衰减寿命成分和发光光谱来看，是无法区分 TTA 和 TADF 过程的。所以在不知道材料 S_1 和 T_1 的具体能量值时，需要增加额外的测量手段来协助分析具体的发光过程。由于在光致发光过程中，每一个光子被材料吸收后，会转化为 S_1 态，而随后 S_1 态会在非常短的时间内系间窜越转化为 T_1 态，当两个 T_1 转化为 S_1 态时，吸收光子与发射光子比例为 2∶1，所以测量光致发光强度随着激发光密度的变化趋势可以区分具体的发光机制（单光子效应）。图 2-15(a)所示为 TTA 过程的单光子效应图，从图中可以看出，斜率 1 与斜率 2 完全不同[14]。

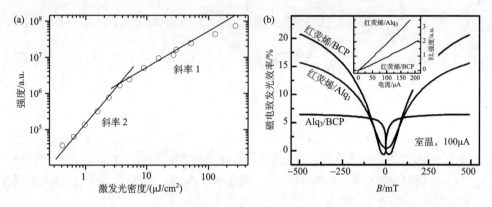

图 2-15　(a)三重态猝灭延迟荧光体系的单光子效应[14]；(b)三重态融合材料红荧烯和普通荧光
材料 Alq3 的磁电致发光曲线[17]

　　在电致发光过程中，TTA 与 TADF 也会有相对于传统荧光较长的发光寿命，与光致发光过程中类似，单纯从电致发光瞬态寿命和光谱无法区分 TTA 和 TADF 发光过程。所以在电致发光过程中也要借助额外的测试手段来区分具体发光机制。这里涉及的测试方法是测量 OLED 的电磁致发光效应以及磁电阻效应。图 2-15(b)所示为红荧烯的磁电致发光效应，从图中可以看出 TTA 器件的磁电致发光效应有正负两个区域[17]。这是因为不同激发态之间互相转化需要借助自旋轨道耦合或者超精细作用。在不含重金属的有机共轭体系中，由于含有大量氢原子，其原子核会有导致 T_1 和 S_1 相互转化的净余超精细磁矩[21, 22]。而外磁场的作用可以减弱任何相互转化过程。TTA 是一个 T_1 来源于 S_1 又二次转化为 S_1 的过程，在磁场下会出现随磁场强度的标志性正负阶段[23]。而对于 TADF 则为纯粹的正或者负的磁效应[10]。

　　因为激基复合物发光过程涉及多个能级之间的跃迁和转化过程，所以单纯靠光谱学分析研究激基复合物发光机理是远远不够的。Zhang 等测量了低温到室温温度范围下 m-MTDATA∶70 mol% Bphen 混合薄膜的光致发光寿命，如图 2-16(a)所示。通过曲线拟合，得到了该激基复合物光致发光寿命的成分和相对含量，见

表 2-1。从图 2-16(a)的衰减曲线和表 2-1 中曲线拟合结果可以看出，在 13 K 的低温下，该光致发光寿命已经含有两个成分。按照延迟荧光理论，其中的长成分应该来源于延迟荧光成分。但是，由于延迟荧光需要温度活化三重态激基复合物到单重态，所以可以认定在 13 K 的低温下，已经实现了三重态的活化。也就是说，这个激基复合物体系的单–三重态能量差要小于 13 K 对应的 k_BT 能量，约为 1.12 meV[10]。随着温度的升高，衰减曲线中的延迟成分寿命变短并且所占比例减小，说明该寿命成分受到高温下的声子猝灭影响。事实上，该延迟成分的来源尚有争议。在很多的给受体混合薄膜时间分辨光致发光光谱中，室温下就可以观察到延迟成分光谱红移现象。这说明该发光不是单纯的荧光和延迟荧光混合，而是荧光和磷光的混合。

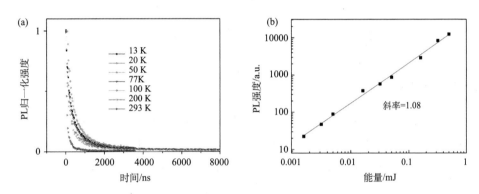

图 2-16　(a) m-MTDATA：70 mol% Bphen 混合薄膜在 13K、20K、50K、77K、100K 和 200K 的光致发光衰减曲线，以及 m-MTDATA：50 mol% TPBi 混合薄膜在室温(293K)的光致发光衰减曲线；(b) 激基复合物光致发光强度与激发光光强之间的关系[9]

激发条件：室温，激发波长为 355 nm。仪器响应和积分时间分别为 10 ns 和 10 μs

表 2-1　不同温度下 m-MTDATA：70 mol% Bphen 混合薄膜的光致发光衰减情况(激发波长为 355 nm)

温度/K	成分 1		成分 2	
	时间(ns)	比例	时间(ns)	比例
13	153.137 5	0.614 68	678.740 4	0.385 32
20	143.534 8	0.640 89	664.680 2	0.359 11
50	121.356 2	0.598 87	602.611 1	0.401 13
77	143.937 9	0.673 73	721.031 3	0.326 27
100	106.449 3	0.682 66	634.840 0	0.317 34
200	109.022 3	0.762 00	658.625 4	0.238 00
293	25.609 7 9	0.795 47	181.246 3	0.204 53

Monkman 就 NPB 与 TPBi 组合形成的激基复合物发光提出，由于 NPB 的三重态能量较低，该激基复合物的延迟荧光来源将不再是三重态激基复合物的热活化，而是两个 NPB 的三重态激子融合之后将能量传递给单重态激基复合物，进而贡献了延迟荧光成分[14]。实验上检验延迟荧光是否来源于三重态融合可以通过光致发光的单光子过程测量或者电致发光的磁效应来分析得到。Zhang 等表征了室温下 m-MTDATA：70 mol% Bphen 混合薄膜的单光子过程，如图 2-16(b) 所示。随着激发光强的增加，薄膜光致发光强度线性增加并且曲线斜率大概为 1。这说明激基复合物延迟荧光成分来源于三重态激基复合物的 RISC 过程。如果该曲线斜率小于 1，说明部分激发光子未被转化为光致发光。如果该曲线斜率为 2，说明该光致发光主要为三重态融合发光。

2.5　分子间激基复合物的 TADF OLED 器件研究

2.5.1　器件结构

近年来，人们发现激基复合物具有 TADF 特性，这意味着激基复合物的理论发光效率上限可以达到 100%。因此，激基复合物在近几年得到了研究学者的广泛关注。在器件结构发面，由于激基复合物要求给受体材料之间的充分接触，激基复合物发光器件结构一般有给受体分层结构和给受体混合结构两种。

最初的激基复合物现象是发现于分层器件的传输层与发光层之间，这种激基复合物现象会产生有别于发光材料的发光峰，影响单色光的发光质量。然而发现激基复合物具有 TADF 特性之后，基于分层结构的激基复合物发光器件也可以获得较高的外量子效率[24]。相对于给受体混合的激基复合物发光器件，分层结构的器件由于接触面积局限于层与层之间，因此要求电子和空穴传输层能够很好地调节载流子平衡。

给受体混合的激基复合物发光器件则具有更大的调节空间。由于混合层的载流子平衡可以通过调节给受体混合比例来控制，混合层器件结构往往可以获得更高的器件效率。

2.5.2　传输层对发光效率和质量的影响

激基复合物发光寿命较长，在器件中其发光效率常常受到载流子平衡的影响，基于激基复合物的发光器件往往需要借助给受体材料之外的载流子传输层和注入层来精确地调节载流子平衡。

然而，在载流子传输层与给受体材料之间也可以形成有别于给受体之间激基复合物的新的激基复合物发光。这就要求我们在设计器件结构时，注意避免这种额外的激基复合物现象。如果额外的激基复合物的能量高于给受体激基复合物的能量，则额外的激基复合物对给受体激基复合物发光效率的影响不大。如果额外的激基复合物的能量低于给受体激基复合物的能量，它将严重地猝灭给受体激基复合物发光，降低给受体激基复合物发光效率。另外，由于其能量较低，额外的激基复合物的发光光谱会相对于给受体激基复合物发光峰红移，使得整个器件的光谱发生变化，影响给受体激基复合物发光质量。在有些情况下，甚至由于额外的低能量激基复合物的形成而无法得到想要的给受体激基复合物发光。

2.5.3　给受体混合比例、载流子平衡和器件效率的影响

在激基复合物 OLED 中，给受体材料分别传导空穴和电子两种载流子。在给受体混合层中，电子和空穴在给受体材料形成的互相渗透嵌套的网络中跳跃迁移，其迁移率严重依赖于给受体材料自身的载流子迁移率以及给受体材料的混合比例。当恰当的给受体混合比例能够实现电子和空穴的平衡时，器件的效率取决于激基复合物的光致发光效率。然而，当电子和空穴之间不能达到很好的载流子平衡时，由于激基复合物的发光寿命长达微秒量级，非平衡载流子会严重猝灭激基复合物发光，导致器件效率下降。

同样，也是由于激基复合物发光寿命较长，在大的电流密度下，器件效率会明显下降，出现严重的滚降现象。非平衡载流子对激基复合物器件效率的影响，可以通过测量器件的电致发光寿命来进行研究。Zhang 等仔细检测了不同器件结构下 m-MTDATA∶Bphen 和 m-MTDATA∶TPBi 两种激基复合物的电致发光衰减情况，结果如图 2-17(a) 所示[10]。在脉宽为 500 ns、占空比为 1 kHz、脉冲强度为 14 V 瞬态电激发下，三个器件的电致发光寿命略有差别。

对比器件的电致发光衰减曲线和相应薄膜的光致发光衰减曲线，可以看到非常细致的差别。在图 2-17(a) 中，可以看到，各个器件的电致发光中延迟成分的大小分别为：50 mol% TPBi>70 mol% Bphen>50 mol% Bphen。而对应的光致发光中延迟成分的大小分别为：50 mol% TPBi>50 mol% Bphen>70 mol% Bphen，如图 2-17(b) 所示。造成这种差异的原因是电致发光会涉及空间电荷积累以及电荷不平衡和载流子缺陷态问题。所以，一般测量得到的器件电致发光衰减曲线只是一个参考结果，反映的是电致发光的综合情况。

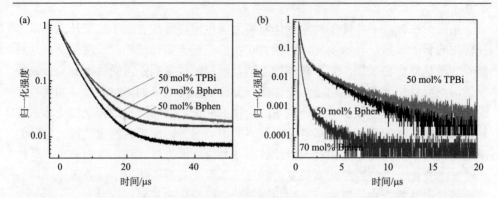

图 2-17　基于 m-MTDATA：50 mol% Bphen 和 m-MTDATA：50 mol% TPBi 以及 m-MTDATA：70 mol% Bphen 混合薄膜器件在室温下的电致发光衰减曲线(a)及相应混合薄膜在室温下的光致发光寿命曲线(b)[9]

2.5.4　激基复合物 TADF 单色光器件

与无机材料、传统荧光材料和磷光材料类似，激基复合物的单色发光也是绿光，最容易获得较高的亮度和效率。在近些年的延迟荧光报道中，绿光材料和绿光激基复合物种类最多，效率和亮度最高。除台湾 Chou 研究组报道的 mCP 和 PO-T2T 形成的高效蓝光激基复合物之外[24]，外量子效率达到 5% 以上的激基复合物全部发绿光或者黄绿光[25]。第一例外量子效率超过 5% 的激基复合物发光是 Adachi 组报道的由 m-MTDATA 和 3TPYMPM 组合发出的黄绿光，如图 2-18 所示[5]。

在该项研究中，Adachi 等详细研究了激基复合物的发光机理，包括激基复合物光致发光强度随温度的变化和时间分辨的光致发光光谱等。随后该小组又报道了更为高效的绿光激基复合物发光：由 m-MTDATA 和 PPT 分别作为给体和受体材料，获得了高达 10% 的外量子效率[26]。在 2013 年，Chou 研究组报道了外量子效率高达 7.7% 的非混合的分层发光峰位于 550 nm 的黄绿光激基复合物 OLED，如图 2-19 所示[27]。该激基复合物采用 TCTA 和 3P-T2T 分别作为给体和受体材料，在获得较高的外量子效率的同时，获得了高达 77 100 cd/m^2 的亮度。比较特殊的是，这一给受体组合在分层结构的器件中给出的外量子效率要比给受体混合层结构的器件的高。

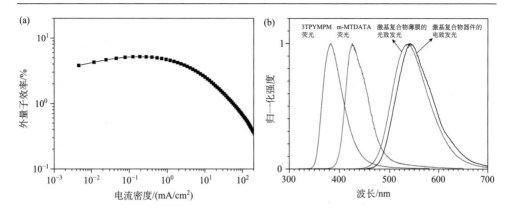

图 2-18　Adachi 组报道的由 m-MTDATA 和 3TPYMPM 组合形成的黄绿光激基复合物的表征[5]

(a) 器件的外量子效率-电流密度图；(b) m-MTDATA、3TPYMPM 的荧光光谱，m-MTDATA：3TPYMPM 激基复合物薄膜的光致发光光谱以及器件的电致发光光谱

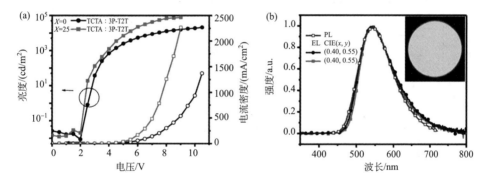

图 2-19　Chou 研究组报道的 TCTA 和 3P-T2T 形成的发光峰位于 550 nm 的黄绿光激基复合物 OLED 表征[24]

(a) 分层器件和混合器件的电流密度和亮度图；(b) TCTA：3P-T2T 激基复合物的电致发光和光致发光光谱，插图为发射的黄绿光照片

2014 年，Adachi 组通过以新合成的庚嗪衍生物 HAP-3MF 作为受体材料与 mCP 组合，获得了外量子效率高达 11.3%的发光峰位于 550 nm 的黄绿光激基复合物发光，如图 2-20 所示[28]。该器件的特性是给受体材料的混合比例为 8 wt%，接近于主客体掺杂情形下的掺杂浓度。这也是当时效率最高的激基复合物发光。

截至 2016 年，报道的外量子效率最高的绿光激基复合物发光为香港城市大学的 Lee 研究组于 2015 年在 *Adv. Mater.* 上发表的由 TAPC 和 DPTPCz 分别作为给受体的发光峰位于 503 nm 的蓝绿光激基复合物发光[7]，外量子效率高达 15.4%，如图 2-21 所示。

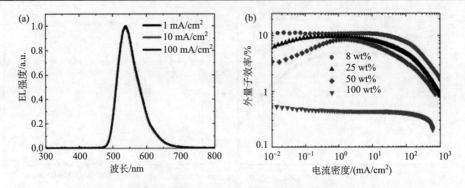

图 2-20　Adachi 组报道的 mCP∶HAP-3MF 激基复合物表征[28]

(a)激基复合物在不同电流密度下的 EL 光谱；(b)不同给受体比例下器件的外量子效率

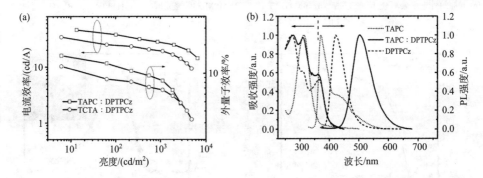

图 2-21　Lee 研究组报道的 TAPC 和 DPTPCz 形成的发光峰位于 503 nm 的蓝绿光激基复合物表征[7]

(a)器件的电流效率和外量子效率曲线；(b)TAPC 和 DPTPCz 单独及混合物的吸收光谱和光致发光光谱

　　蓝光激基复合物 OLED 的研究可以追溯到 2002 年[29]。当时的大环境是纷纷报道各种激基复合物发光，而蓝光激基复合物也只是作为一种分子间的激发态现象而被报道的。因此，早年的蓝光激基复合物 OLED 效率都很低，并且最大亮度都不超过 100 cd/m²。当时形成蓝光激基复合物的给受体材料多数局限于聚合物材料。与小分子材料不同，聚合物的激基复合物现象比较特殊，如 Epstein 小组报道的由 PVK 和 PPYVPR2V 形成的蓝光激基复合物，其发光峰并没有相对于给受体材料的发光峰发生明显的红移[30]，而是在给受体发光峰之间。随后的蓝光激基复合物报道虽然以小分子材料居多，但是多数为解释 OLED 光谱中多余的发光峰或者说明器件效率低的原因时才提及。真正的高效蓝光激基复合物是在 2014 年[24]，由台湾的 Chou 小组发表的。该小组合成了新的电子传输材料 PO-T2T，与传统的双极性主体材料 mCP 结合，获得了外量子效率高达 8% 的蓝光 OLED，如图 2-22 所示。

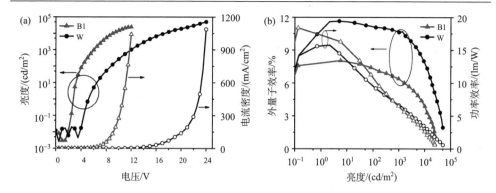

图 2-22　Chou 小组报道的 mCP：PO-T2T 形成的蓝光激基复合物器件(B1)和全激基复合物叠层白光器件(W)表征[24]

(a)蓝光和白光器件的亮度和电流密度曲线；(b)蓝光和白光器件的外量子效率和功率效率曲线

该电子传输层可以与很多空穴传输材料形成激基复合物，并且效率多数大于 5%。该蓝光器件的启亮电压仅为 2.5 V，并且是发光峰位于 473 nm、色坐标为(0.16, 0.23)的纯蓝光。同时作者还利用该蓝光激基复合物与另一橙光激基复合物结合，制备了外量子效率高达 11.6%的全激基复合物的白光 OLED。Zhang 等报道了基于 mCP：Bphen、mCP：TPBi 和 mCP：3P-T2T 的蓝光激基复合物，并讨论了影响激基复合物效率的机理[31]。该研究发现，给受体材料分子结构以及取代基团对激基复合物发光效率有严重的影响。表 2-2 汇总了近些年报道的高效激基复合物器件。

表 2-2　文献中报道的高效激基复合物器件

文献	D	A	E_{HOMO_D}/eV	E_{LUMO_A}/eV	ΔE_{S-T}/eV	λ/nm	η_{ext}/%
[2]	m-MTDATA	PBD	5.1	2.4	0.05	540	2.0
[2]	m-MTDATA	3TPYMB	5.1	3.3	—	540	5.4
[4]	m-MTDATA	Bphen	5.1	2.5	0.012	560	7.79
[4]	m-MTDATA	TPBi	5.1	2.7	—	530	6.85
[6]	NPB	TPBi	5.5	2.7	—	439	2.7
[16]	TCTA	3P-T2T	5.62	2.98	—	544	7.7
[17]	mCP	PO-T2T	6.1	2.83	—	471	8.0
[18]	Tris-PCz	CN-T2T	5.6	2.78	0.022	529	11.9
[19]	m-MTDATA	PPT	5.1	3.0	—	510	10
[20]	mCP	HAP-3MF	6.1	—	—	550	11.3
[21]	TAPC	DPTPCz	5.1	2.6	0.047	503	15.4
[24]	mCP	Bphen	6.1	2.5	—	465	2.25

　　截至 2016 年，尚未有单独关于红光激基复合物 OLED 的报道。最初报道的所谓的橙红激基复合物是形成于 m-MTDATA 和 Alq₃ 之间的[32]。由于 Alq₃ 形成激基复合物的能力很差，自身有发射较强的绿光，较难实现高效激基复合物发光。

　　常见给受体材料分子结构式如下：

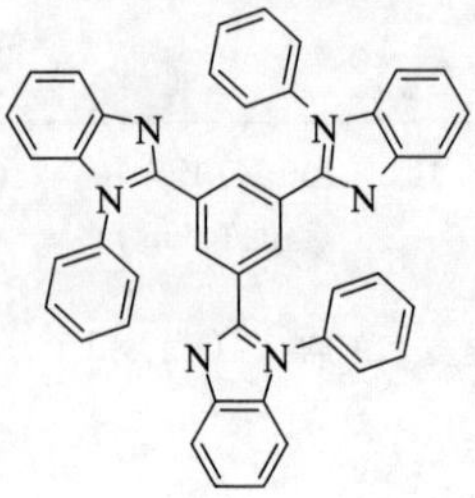

TPBi

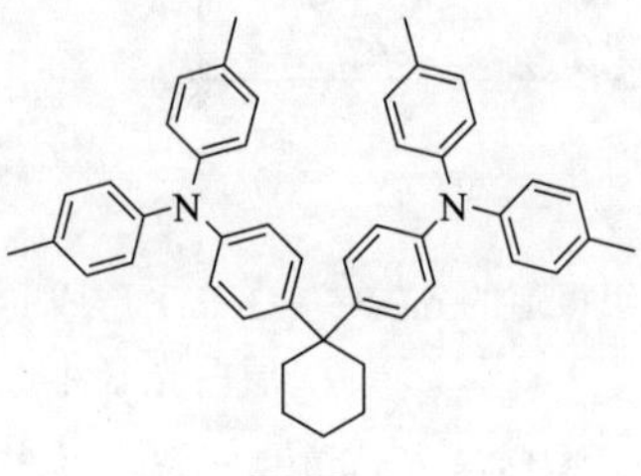

TAPC

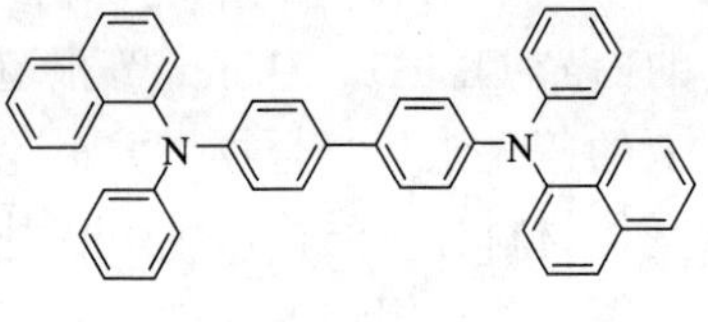

NPB

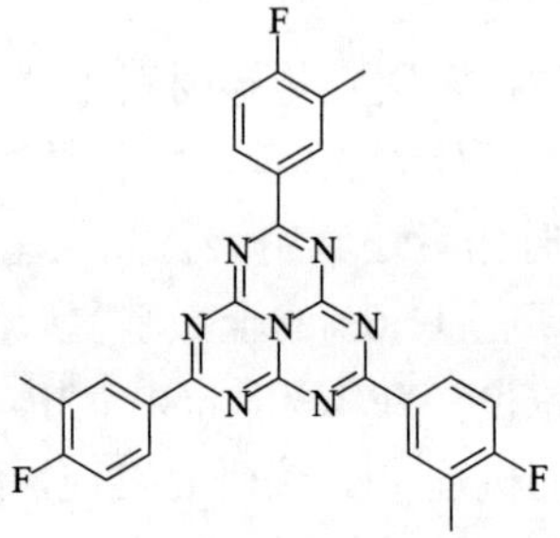

HAP-3MF

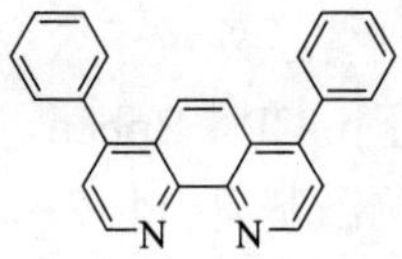

Bphen

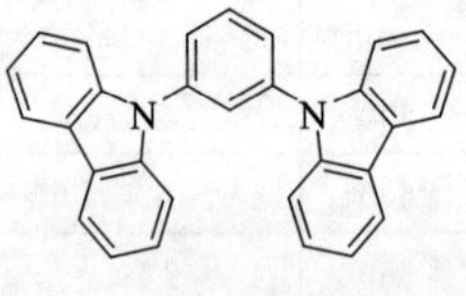

mCP

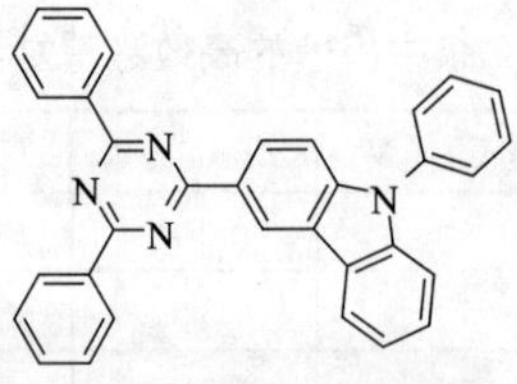

DPTPCz

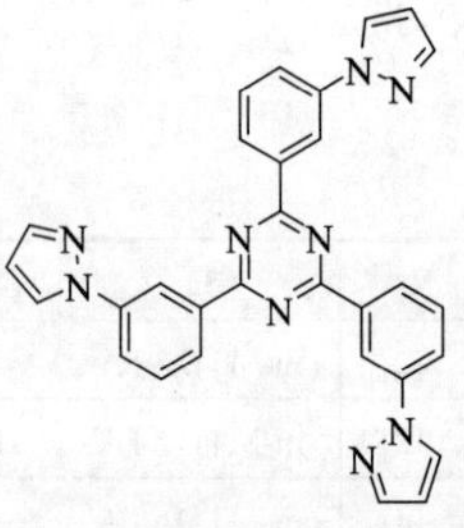

3P-T2T

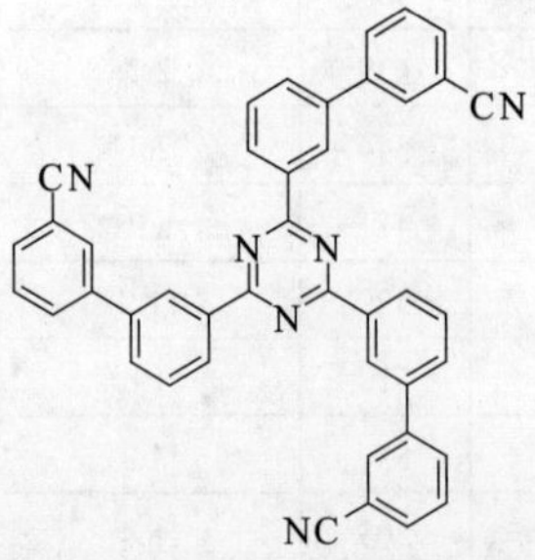

CN-T2T

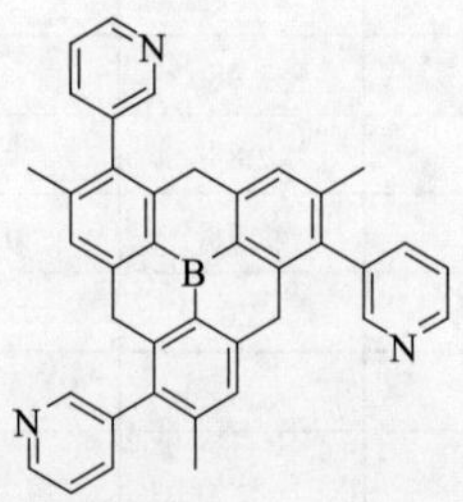

3TPYMB

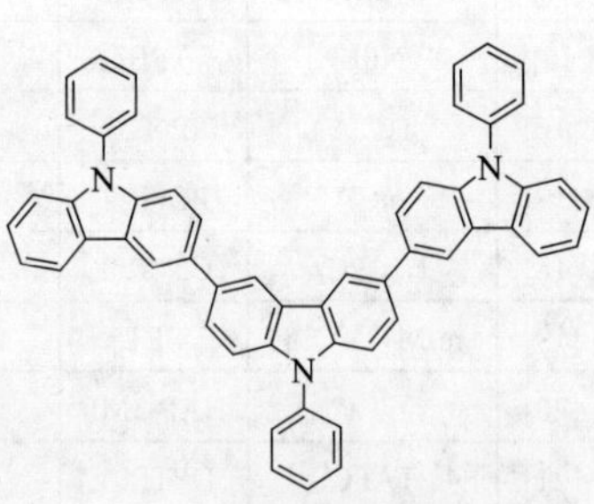

Tris-PCz

TCTA　　　　　　　　　　　t-Bu-PBD　　　　　　　　　　　PPT

PO-T2T　　　　　　　　　　　　　m-MTDATA

参 考 文 献

[1] Parker C A, Hatchard C G. Delayed fluorescence of pyrene in ethanol. Transactions of the Faraday Society, 1963, 59(59): 284-295.

[2] Blasse G, McMillin D R. On the luminescence of bis(triphenylphosphine)phenanthroline copper (Ⅰ). Chem Phys Lett, 1980, 70(1): 1-3.

[3] Berberan-Santos M N, Garcia J M M. Unusually strong delayed fluorescence of C70. J Am Chem Soc, 1996, 118(39): 9391-9394.

[4] Turro N J. Modern Molecular Photochemistry. Sausalito: University Science Books, 1991.

[5] Goushi K, Kou Y, Sato K, et al. Organic light-emitting diodes employing efficient reverse intersystem crossing for triplet-to-singlet state conversion. Nat Photonics, 2012, 6(4): 253-258.

[6] Tao Y, Yuan K, Chen T, et al. Thermally activated delayed fluorescence materials towards the breakthrough of organoelectronics. Adv Mater, 2014, 26(47): 7931-7958.

[7] Liu X K, Chen Z, Zheng C J, et al. Prediction and design of efficient exciplex emitters for high-efficiency, thermally activated delayed-fluorescence organic light-emitting diodes. Adv Mater, 2015, 27(14): 2378.

[8] Graves D, Jankus V, Dias F B, et al. Photophysical investigation of the thermally activated delayed emission from films of m-MTDATA: PBD exciplex. Adv Funct Mater, 2014, 24(16): 2343-2351.

[9] Park Y S, Kim K H, Kim J J. Efficient triplet harvesting by fluorescent molecules through

exciplexes for high efficiency organic light-emitting diodes. Appl Phys Lett, 2013, 102(15): 66.

[10] Zhang T, Bei C, Li W, et al. Efficient triplet application in exciplex delayed-fluorescence OLEDs using a reverse intersystem crossing mechanism based on a $\Delta E_{\text{S-T}}$ of around zero. ACS Appl Mater Interfaces, 2014, 6(15): 11907.

[11] Kim K H, Yoo S J, Kim J J. Boosting triplet harvest by reducing nonradiative transition of exciplex toward fluorescent organic light-emitting diodes with 100% internal quantum efficiency. Chem Mater, 2016, 28(6): 1936-1941.

[12] Yan F, Chen R, Sun H, et al. Organic light-emitting diodes with a spacer enhanced exciplex emission. Appl Phys Lett, 2014, 104(15): 153302.

[13] Nakanotani H, Furukawa T, Morimoto K, et al. Long-range coupling of electron-hole pairs in spatially separated organic donor-acceptor layers. Sci Adv, 2016, 2(2): e1501470.

[14] Jankus V, Chiang C J, Dias F, et al. Deep blue exciplex organic light-emitting diodes with enhanced efficiency; P-type or E-type triplet conversion to singlet excitons? Adv Mater, 2013, 25(10): 1455-1459.

[15] Baldo M A, Adachi C, Forrest S R. Transient analysis of organic electrophosphorescence. II. Transient analysis of triplet-triplet annihilation. Phys Rev B, 2000, 62(16): 10967.

[16] Uoyama H. Highly efficient organic light-emitting diodes from delayed fluorescence. Nature, 2012, 492(7428): 234-238.

[17] Bai J, Chen P, Lei Y, et al. Studying singlet fission and triplet fusion by magneto-electroluminescence method in singlet-triplet energy-resonant organic light-emitting diodes. Org Elect, 2014, 15(1): 169-174.

[18] Luo Y, Aziz H. Correlation between triplet-triplet annihilation and electroluminescence efficiency in doped fluorescent organic light-emitting devices. Adv Funct Mater, 2010, 20(8): 1285-1293.

[19] Yang S H, Shih P J, Wu W J, et al. Color-tunable and stable-efficiency white organic light-emitting diode fabricated with fluorescent-phosphorescent emission layers. J Lumin, 2013, 142: 86-91.

[20] Fukagawa H, Shimizu T, Ohbe N, et al. Anthracene derivatives as efficient emitting hosts for blue organic light-emitting diodes utilizing triplet-triplet annihilation. Org Electronics, 2012, 13(7): 1197-1203.

[21] Bobbert P, Nguyen T, van Oost F, et al. Bipolaron mechanism for organic magnetoresistance. Phys Rev Lett, 2007, 99(21): 216801.

[22] Desai P, Shakya P, Kreouzis T, et al. Magnetoresistance and efficiency measurements of Alq$_3$-based OLEDs. Phys Rev B, 2007, 75(9): 094423.

[23] Peng Q, Chen P, Li F. The charge-trapping and triplet-triplet annihilation processes in organic light-emitting diodes: A duty cycle dependence study on magneto-electroluminescence. Appl Phys Lett, 2013, 102(2): 9.

[24] Hung W Y, Fang G C, Lin S W, et al. The first tandem, all-exciplex-based WOLED. Scientific Reports, 2014, 4(7503): 5161.

[25] Hung W Y, Chiang P Y, Lin S W, et al. Balance the carrier mobility to achieve high

performance exciplex OLED using a triazine-based acceptor. ACS Appl Mater Interfaces, 2016, 8 (7): 4811-4818.

[26] Goushi K, Adachi C. Efficient organic light-emitting diodes through up-conversion from triplet to singlet excited states of exciplexes. Appl Phys Lett, 2012, 101 (2): 023306.

[27] Hung W Y, Fang G C, Chang Y C, et al. Highly efficient bilayer interface exciplex for yellow organic light-emitting diode. ACS Appl Mater Interfaces, 2013, 5 (15): 6826-6831.

[28] Li J, Nomura H, Miyazaki H, et al. Highly efficient exciplex organic light-emitting diodes incorporating a heptazine derivative as an electron acceptor. Chem Commun, 2014, 50 (46): 6174-6176.

[29] Jiang X, Register R A, Killeen K A, et al. Effect of carbazole-oxadiazole excited-state complexes on the efficiency of dye-doped light-emitting diodes. J Appl Phys, 2002, 91 (10): 6717-6724.

[30] de Lucia Jr F C, Gustafson T L, Wang D, et al. Exciplex dynamics and emission from nonbonding energy levels in electronic polymer blends and bilayers. Phys Rev B, 2002, 65 (23): 235204.

[31] Zhang T, Zhao B, Chu B, et al. Blue exciplex emission and its role as a host of phosphorescent emitter. Org Electronics, 2015, 24: 1-6.

[32] Itano K, Ogawa H, Shirota Y. Exciplex formation at the organic solid-state interface: Yellow emission in organic light-emitting diodes using green-fluorescent tris (8-quinolinolato) aluminum and hole-transporting molecular materials with low ionization potentials. Appl Phys Lett, 1998, 72 (6): 636-638.

第 3 章　基于激基复合物主体的高效 OLED

第 1 章和第 2 章分别介绍了激基复合物的形成机制及其在 WOLED 中的应用，以及近年来研究火热的具有 TADF 特性的激基复合物及其在 OLED 中的应用。其实，除了作为发射剂实现激基复合物高效率的发光外，激基复合物还有另一个广泛的应用，那就是将其作为主体实现对磷光或者荧光材料的能量传递，从而实现掺杂剂的发光，这也成为近年来研究的一个热点。因为激基复合物的形成是给体 HOMO 能级上的空穴和受体 LUMO 能级上的电子的复合，所以激基复合物主体能实现掺杂剂发射低的电压、高的效率和低的效率衰减，在主体应用方面具有非常大的优势。接下来从以下几个方面进行介绍。

3.1　激基复合物主体的特点

前面提到，激基复合物是在给受体材料的界面处形成的。通常，给体材料为空穴传输材料，如 TCTA、TAPC 和 mCP 等；而受体材料为电子传输材料，如 Bphen、TPBi、PO-T2T 等。给受体材料混在一起就会形成激基复合物的发光，如果将磷光或者荧光材料掺入激基复合物发光层，那么激基复合物的发光将会被抑制，但是会发生激基复合物主体到掺杂剂的能量传递，从而导致掺杂剂发光。而激基复合物作为主体具有以下特点：

一是载流子的双极传输特性。由于激基复合物主体是给受体材料的混合，而给体通常为空穴传输材料，受体通常为电子传输材料。因此，激基复合物主体具有天然的载流子双极传输特性。而且，给受体材料的混合比例也是很容易控制的，这样，我们就可以根据给受体材料的特性，调节混合比例，从而实现更好的载流子双极传输特性，最终实现电子和空穴在发光层平衡地传输和复合。

二是宽的载流子复合区域。单主体材料由于载流子非双极传输特性，电子和空穴的复合发光区域往往会偏向某一个界面，或者是空穴传输层/发光层界面，或者是发光层/电子传输层界面，甚至在发光的过程中会发生复合区域的移动，这对器件的发光都是不利的。而激基复合物主体具有非常好的载流子双极传输特性，因此，载流子的复合发光区域会扩展到整个激基复合物主体发光层，而宽的复合区域会减少激子浓度的猝灭，从而对器件效率的衰减具有很好的抑制作用。

　　三是发光层与载流子传输层几乎为零的界面势垒。通常，在激基复合物作为主体的情况下，其两侧的空穴传输层和电子传输层分别为所形成激基复合物的给体材料和受体材料。这样，在传输层和发光层界面处的能量势垒几乎被消除，载流子可以无势垒地从传输层注入发光层，从而降低 OLED 的启亮电压，提高器件的效率。

　　激基复合物主体以上特点决定了以其为主体的 OLED 的优越性能，包括高的效率、低的电压和低的效率衰减。载流子双极传输特性平衡了电子和空穴的传输和复合，导致 OLED 效率高；宽的载流子复合区域抑制了激子的浓度猝灭，使得 OLED 具有低的效率衰减；而传输层到发光层几乎为零的界面势垒致使 OLED 具有低的启亮电压。

　　前面提到，激基复合物有的具有 TADF 特性，有的没有 TADF 特性，具有 TADF 特性的激基复合物可以实现三重态激子的反向系间窜越，从而可以突破 5% 的最高外量子效率限制，实现高效率的激基复合物发光。而不具有 TADF 特性的激基复合物由于三重态激子的非辐射跃迁，往往效率比较低。因此，下面简要说明 TADF 特性对激基复合物作主体方面的一些影响。

3.1.1　不具有 TADF 特性的激基复合物作主体

　　当所选用的激基复合物不具有 TADF 特性时，注入发光层的电子和空穴会首先在激基复合物主体上形成 25% 的单重态激子和 75% 的三重态激子。掺杂剂以传统的荧光材料以及磷光材料为例。

　　如果掺杂剂为传统荧光材料，那么 25% 的单重态激子会通过单重态间的 Förster 能量传递到达掺杂剂的单重态能级，进而辐射跃迁实现掺杂剂的发光；而 75% 的三重态激子由于激基复合物主体不具有 TADF 特性，不能发生从三重态到单重态的反向系间窜越，或者从激基复合物主体的三重态能级非辐射跃迁，或者通过三重态能级间的 Dexter 能量传递到达掺杂剂的三重态能级，由于掺杂剂为传统的荧光材料，其三重态激子依旧无法实现发光，只能通过非辐射跃迁浪费掉。因此，这种情况下，传统荧光材料发光的最高内量子效率依然只有 25%。

　　如果掺杂剂为磷光材料，25% 的单重态激子通过 Förster 能量传递到达掺杂剂的单重态能级，进而通过系间窜越到达其三重态能级，而 75% 的三重态激子通过 Dexter 能量传递直接到达掺杂剂的三重态能级。由此，在激基复合物主体上形成的所有激子最终都可以从磷光掺杂剂的三重态能级辐射跃迁进行发光，从而可以实现几乎 100% 的内量子效率。

3.1.2　具有 TADF 特性的激基复合物作主体

当所选用的激基复合物具有 TADF 特性时，如果掺杂剂为传统的荧光材料，除了 25%的单重态激子可以直接实现能量传递敏化掺杂剂发光外，还有 75%的三重态激子由于激基复合物主体小的单-三重态能级间隙,可以发生有效的反向系间窜越，然后通过单重态能级间的能量传递敏化掺杂剂发光。这样，具有 TADF 特性的激基复合物作主体敏化传统荧光掺杂剂，就可以实现对三重态激子的利用，从而突破传统荧光材料最高 25%内量子效率的限制。这就是是否具有 TADF 特性的激基复合物作主体，敏化传统荧光掺杂剂时的最大不同之处。

如果掺杂剂为磷光材料，那么 75%的三重态激子就会有两个传递路径实现掺杂剂的发光。一是通过激基复合物主体与磷光掺杂剂之间的三重态能级实现 Dexter 能量传递，直接到达掺杂剂的三重态能级；二是由于激基复合物主体小的单-三重态能级间隙，实现有效的反向系间窜越，进而通过单重态间的能量传递到达掺杂剂的单重态能级，再进一步通过系间窜越最终也到达磷光掺杂剂的三重态能级。因此，无论激基复合物主体是否具有 TADF 特性，当掺杂剂为磷光材料时，都可以实现磷光掺杂剂几乎 100%的内量子效率。但是具有 TADF 特性的激基复合物作磷光掺杂剂的主体时，可以实现磷光发射小的效率衰减。这是因为，在激基复合物主体上产生的三重态激子会迅速通过反向系间窜越形成单重态激子，进而通过快速的 Förster 能量传递过程实现掺杂剂的发光。这缩短了三重态激子的寿命，能很好地改善器件在高电流密度下的效率衰减。

目前，TADF 发光材料研究火热，如果将 TADF 材料作为掺杂剂掺入具有 TADF 特性的激基复合物中时，会发生什么现象呢？这种体系的能量传递又会如何进行呢？简单来说，主客体同时具有 TADF 特性，那么主客体都会发生从三重态能级到单重态能级的反向系间窜越，这进一步增加了对三重态激子的利用率，会实现荧光材料更高的发光效率，具体在本章不做详细讨论，下一章将会进行说明。

3.1.3　具有 TADF 特性的激基复合物主体敏化传统荧光材料

若以具有 TADF 特性的激基复合物作主体，敏化传统荧光材料可以突破其最高 25%内量子效率的限制，因此在本节，我们重点讨论这一体系。前面提到，当具有 TADF 特性的激基复合物作主体时，产生在主体上的 75%三重态激子会首先发生反向系间窜越，进而通过单重态能级间的 Förster 能量传递到达荧光掺杂剂的单重态能级，最终实现高效率的荧光发射，理论上，甚至可以达到 100%

的内量子效率。所以，这一体系的关键因素就是激基复合物主体高效的反向系间窜越效率。

值得注意的是，这里强调的是主体高效的反向系间窜越效率，而不是高效的 TADF 激基复合物发射效率。实现高效的具有 TADF 特性的激基复合物的发光，不仅需要其高效的反向系间窜越效率，还需要单重态激子高的辐射跃迁速率。而当激基复合物作主体时，高的单重态激子辐射跃迁速率就不是必要因素了，主客体之间高的单重态能级间的能量传递效率变成了另一个关键因素。

因此，具有 TADF 特性的激基复合物作主体时，其高效的反向系间窜越效率和高效的能量传递效率是利用该体系实现传统荧光发射高效率的关键因素。下面介绍高的反向系间窜越效率与高的能量传递效率的直接表现。

验证激基复合物主体高的反向系间窜越效率，可以通过对给受体混合薄膜进行瞬态光致发光光谱的寿命测试，高的反向系间窜越效率往往伴随着长的衰减寿命。前面提到，该寿命有快速的和延迟的两个成分，快速的是单重态激子的直接辐射跃迁，而延迟的则是三重态激子的反向系间窜越继而进行的辐射跃迁。我们还可以根据快速的和延迟的寿命计算出反向系间窜越效率。而高的能量传递效率可以通过激基复合物主体的光致发光光谱和荧光掺杂剂的吸收光谱的交叠程度进行验证。因为该体系主客体间的能量传递形式为单重态能级间的 Förster 能量传递，实现高的 Förster 能量传递的前提就是主体的发光和客体的吸收要比较好，更关键的便是主体的光致发光光谱和客体的吸收光谱之间要有很大的交叠。

我们还可以对激基复合物主体中掺杂荧光掺杂剂的薄膜进行光致发光光谱和瞬态光致发光寿命的测试。当荧光掺杂剂掺入激基复合物主体时，通常表现出的光致发光光谱为荧光掺杂剂的发光。监测荧光掺杂剂的发光峰，进行瞬态光致发光衰减的寿命测试，如果该发光表现出来的寿命与激基复合物主体一样，也呈双指数拟合，具有快速的和延迟的两个寿命，那么便可说明该荧光掺杂剂的发光源于激基复合物主体的能量传递。其快速的寿命源于激基复合物主体单重态激子直接的能量传递，而延迟的寿命源于激基复合物主体三重态激子的反向系间窜越进而发生的能量传递。

理论上，利用该体系可以实现传统荧光材料 100% 的内量子效率，但是在实际操作中，器件难以达到这一理论上限，甚至离这一上限还有很大的距离。首先，激基复合物主体的三重态激子完全的反向系间窜越难以实现，反向系间窜越的三重态激子还会发生从单重态再回到三重态的系间窜越，系间窜越与反向系间窜越是一个动态的平衡过程。其次，无论掺杂浓度有多低，从激基复合物主体到荧光掺杂剂的三重态能级间的 Dexter 能量传递难以完全抑制，在该体系中，此能量传递过程对实现 100% 的内量子效率是不利的。再次，难以实现完全的从激基复合物主体到荧光掺杂剂的单重态能级间的 Förster 能量传递。最后，就是传统荧光材料的发光效率的限制，虽然能突破最高 25%的内量子效率限制，但实现 100%的内量子效率还是非常困难，因此合成新的高效的荧光材料依旧是一个严峻的课题。

3.2　激基复合物主体的实际应用

3.2.1　激基复合物主体的初步研究

　　之前科研人员在 OLED 的研究中，都在尽量避免激基复合物的形成，认为其会降低器件的效率，对整个器件来说其存在是不利的。新近高效激基复合物的提出改变了科研人员的看法，科研工作者也开始在激基复合物作为主体进行能量传递方面展开了一些研究工作。

　　利用激基复合物实现对掺杂剂的能量传递，所得掺杂剂发光性能比较好的报道，最早见于 2011 年，是韩国首尔国立大学的 Kim 研究组发表在 *J. Appl. Phys.* 上的文章[1]。该文章利用 CBP 和 B3PYMPM 形成的界面激基复合物对传统发射绿光的磷光材料 Ir(ppy)$_3$进行能量传递，虽然实现了超过 20%的外量子效率，但作者还是认为激基复合物的形成降低了器件的效率。器件的能级结构和发光性能见图 3-1 所示。

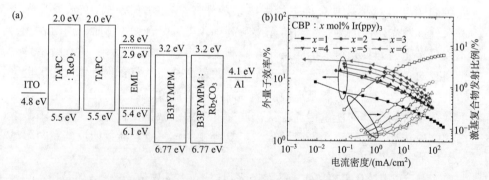

图 3-1　器件的能级结构图和不同掺杂浓度下器件的外量子效率-电流密度曲线、激基复合物发射比例-电流密度关系曲线[1]

　　如图 3-1 所示，发光层(emitting layer, EML)的主体为 CBP，在 EML 和电子传输层 B3PYMPM 的界面处会形成激基复合物的发射，进而能量传递给磷光掺杂剂 Ir(ppy)$_3$。作者给出了在体系中的能量传递示意图，见图 3-2。可以看到，在该体系中，从激基复合物到 Ir(ppy)₃ 的能量传递分为单重态和三重态的能量传递。激基复合物的单重态激子直接传递到 Ir(ppy)₃ 的单重态能级，进而通过系间窜越到达自身的三重态能级，进行辐射跃迁发光。而激基复合物的三重态激子不会直接传递到 Ir(ppy)₃ 的三重态能级，而是会首先传递到 CBP 的三重态能级，进而通过 CBP 的三重态能级最终到达 Ir(ppy)₃ 的三重态能级进行辐射跃迁。

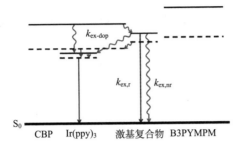

图 3-2　OLED 在发光层和电子传输层界面处的能量传递示意图[1]

───── S₁，- - - - T₁；←───── 辐射跃迁，←∿∿∿ 非辐射跃迁；下角 ex-dop 表示激基复合物到掺杂剂的能量传递

　　由于 CBP 的三重态能级低于所形成激基复合物的三重态能级，因而无法完全限制激基复合物三重态激子，这会造成三重态激子的损失，进而影响激基复合物到掺杂剂的能量传递效率。因此，利用激基复合物主体实现高能量传递效率的一个关键因素就是所形成激基复合物主体的三重态能级要低于与其相邻的传输层的三重态能级，否则会由于对三重态激子不完全的限制而造成激子的浪费，进而影响激基复合物主体到掺杂剂的能量传递效率。

　　该研究成果严格来说，不是对激基复合物能量传递的利用，而是研究了激基复合物能量传递对器件性能的影响，作者最后得到的结论和前人对激基复合物的态度一致：激基复合物的形成降低了器件的效率，激基复合物的存在依然是不利的。

3.2.2　激基复合物主体的广泛应用

　　真正利用激基复合物作主体实现高性能的 OLED 始于 2013 年。根据激基复合物主体是否具有 TADF 特性以及掺杂剂为传统荧光或者磷光材料，可以分为四种体系：不具有 TADF 特性的激基复合物主体掺杂传统荧光材料、不具有 TADF 特性的激基复合物主体掺杂磷光材料、具有 TADF 特性的激基复合物主体掺杂传统荧光材料和具有 TADF 特性的激基复合物主体掺杂磷光材料。前面提到，不具有 TADF 特性的激基复合物主体掺杂传统荧光材料不能提高传统荧光 OLED 的效率，而在改善其他性能方面也没有明显优势，因此，这里对该体系不作赘述。下面重点对其余三个体系进行介绍。

1. 不具有 TADF 特性的激基复合物主体掺杂磷光材料

对该体系研究最为广泛的还是 Kim 研究组，并且在首篇文章报道之后，该研究组连续在高水平杂志上发表多篇利用激基复合物作主体的文章[2-6]。这里以最经典的一篇为例进行评述，该文 2013 年发表在 *Adv. Funct. Mater.* 上[2]。他们利用 TCTA 和 B3PYMPM 混合形成的激基复合物对发射绿光的磷光掺杂剂 Ir(ppy)$_2$(acac) 进行能量传递，启亮电压为 2.4 V，外量子效率为 29.1%，功率效率为 124 lm/W。而且效率衰减非常小，在 10000 cd/m^2 的亮度时，外量子效率依然维持在 27.8%。所制备的器件能级结构如图 3-3 所示。

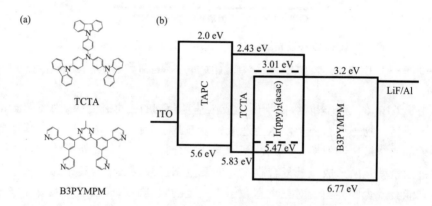

图 3-3　给受体材料的分子结构和 OLED 的器件能级结构示意图[2]

从图 3-3 中可以看到，作者所制备的器件结构非常简单，除了发光材料，一共只有三种有机材料，TAPC、TCTA 和 B3PYMPM，而最为关键的结构部分为 TCTA/TCTA：B3PYMPM：Ir(ppy)$_2$(acac)/B3PYMPM。形成激基复合物的给受体材料 TCTA 和 B3PYMPM 又分别作为空穴和电子传输层。这么简单的结构却实现了如此低的电压和高的器件效率，作者主要归因于如下几点：①TCTA：B3PYMPM 激基复合物的发射光谱和 Ir(ppy)$_2$(acac)吸收光谱很好地重叠，预示着高的单重态能量传递效率；②电子和空穴到发光层为零的界面注入势垒，这是由于形成激基复合物的给受体材料分别为空穴和电子传输层；③TCTA(2.76 eV)、B3PYMPM(2.75 eV)和 TCTA：B3PYMPM 激基复合物(2.5 eV)的三重态能级都比 Ir(ppy)$_2$(acac)(2.4 eV)的高，这样激基复合物的三重态激子被很好地限制在发光层，发生高效的能量传递。激基复合物主体到掺杂剂的能量传递过程通过光致发光光谱得以证实，如图 3-4 所示。

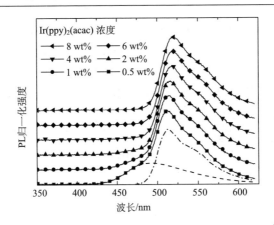

图 3-4　不同掺杂浓度下发光层的光致发光光谱[2]

在掺杂剂 Ir(ppy)₂(acac) 低的掺杂浓度下，以 0.5 wt%时表现最为明显，可以看到明显的激基复合物发射，而随着 Ir(ppy)₂(acac) 浓度的升高，激基复合物的发射逐渐减弱，在 4 wt%之后，激基复合物的发射消失。这很好地验证了激基复合物主体到掺杂剂的能量传递过程。为了进一步验证该体系中的能量传递过程，作者对器件进行了不同电压下的瞬态电致发光衰减特性分析，如图 3-5 所示。结果表明，在该体系中，光发射主要源于主体与客体之间的能量传递，而电荷的陷获过程和电荷在发光层的积累都可以忽略不计，这极大地提高了器件效率。

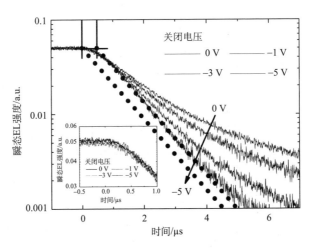

图 3-5　不同电压下器件的瞬态电致发光衰减曲线[2]

图中两条点线分别为缓慢衰减阶段起始位置(左)和结束位置(右)指数衰减拟合曲线

　　此外，器件实现了非常低的效率衰减，这也成为该项研究的一大亮点。如图 3-6 所示，器件的最高外量子效率为 29.1%，在 1000 cd/m² 的亮度下为 28.7%，到 10 000 cd/m² 时依然有 27.8%，甚至到 20 000 cd/m² 的亮度，外量子效率高达 26%，这在磷光发射的 OLED 中是非常难得的。作者通过瞬态光致发光衰减曲线定性定量地分析了如此小的效率衰减原因，发现了在该体系中几乎为 1 的电荷平衡因子和几乎为 0 的电损耗，这极大地减弱了三重态-极化子湮灭(triplet-polaron annihilation, TPA)和三重态-三重态湮灭(triplet-triplet annihilation, TTA)过程[7,8]。最终器件实现了非常低的效率衰减。

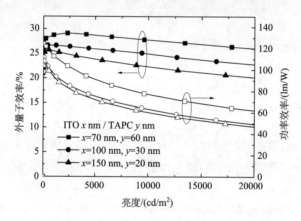

图 3-6　　不同 ITO 和 TAPC 厚度的器件外量子效率-亮度曲线、功率效率-亮度曲线[2]

　　在不具有 TADF 特性的激基复合物作主体敏化磷光材料研究方面，Kim 研究组可以说是做到了极致，除了对上述发射绿光的磷光材料进行能量传递的研究之外，该组利用激基复合物作主体相继实现了绿光和红光混合的发射橙光的磷光材料的敏化[4]和常见的发射蓝光的磷光材料 FIrpic 的敏化[5,6]，以及利用激基复合物主体实现了高效率白光的发射[9]。利用该体系实现磷光材料优秀的器件性能，这都与激基复合物主体载流子传输双极特性、宽的复合发光区域以及几乎为零的界面注入势垒密切相关。

2. 具有 TADF 特性的激基复合物主体掺杂磷光材料

　　与不具有 TADF 特性的激基复合物主体掺杂磷光这一体系相比，当激基复合物具有 TADF 特性时，除了激基复合物主体本身所具有的优势特性外，还增加了三重态激子上转换这一过程，这增加了激基复合物主体到磷光掺杂客体的 Förster 能量传递，有利于缩短三重态激子的寿命，对器件效率衰减的改善有很大帮助。

　　Duan 等报道了利用给体 TCTA 和受体 CzTrz 形成的具有 TADF 特性激基复合

物作为主体，敏化磷光掺杂剂 PO-01 的高效率、高稳定性的 OLED[10]。该体系中
的能量传递机理如图 3-7 所示。

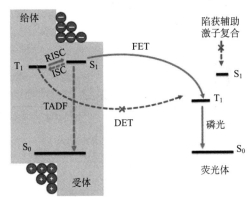

图 3-7　具有 TADF 特性的激基复合物作为主体敏化磷光掺杂剂的能量传递机理：常规的 Dexter
　　能量传递和掺杂剂对载流子的陷获都被有效地抑制，Förster 能量传递成为主要传递过程[10]

　　从图 3-7 中可以看到，该体系中很重要的一个过程就是激基复合物主体的三
重态激子上转换，然后通过单重态能级 S_1 实现到磷光掺杂剂的 Förster 能量传递。
而最常见的主客体间通过三重态能级进行的 Dexter 能量传递过程则被弱化。因为
该体系中激基复合物主体具有 TADF 特性，可以实现有效的三重态激子上转换，
从而使三重态激子转换成单重态激子。也正是因为这一过程，该体系中三重态激
子的寿命缩短了，而由三重态激子寿命过长导致的单重态-三重态湮灭（STA）和三
重态-三重态湮灭（TTA）就会被抑制，从而可以有效地改善器件的效率衰减。

　　此外，从前面的章节可以知道，激基复合物在给受体材料的界面处形成，有给
受体材料共蒸形成的混合型激基复合物，也有给受体材料分别蒸镀形成的平面型激
基复合物。这两种类型的激基复合物都可以实现能量传递，从而敏化磷光掺杂剂发
光。Duan 等发现，平面型激基复合物能实现更长的器件寿命，如图 3-8 所示[10]。

　　可以看到，混合型激基复合物敏化磷光掺杂剂的寿命相对于平面型激基复合
物要短很多。器件初始亮度为 1000 cd/m^2，当亮度下降到初始亮度的 85% 时，平
面型激基复合物的器件寿命为 190 h，而混合型激基复合物器件的寿命才几小时，
足足差了将近两个数量级。作者认为这是由于混合型激基复合物中电子会直接从
Bphen 层注入 TCTA，而 TCTA 是不稳定的，严重影响器件寿命。而平面型激基
复合物由于 TCTA 和 CzTrz 之间大的 LUMO 能级差，从而可以有效阻挡电子向
TCTA 层的注入，保证了器件整体的稳定性，最终得到了比较长的寿命。因此，
发展稳定的给体材料也是提高该体系器件寿命的一种手段。

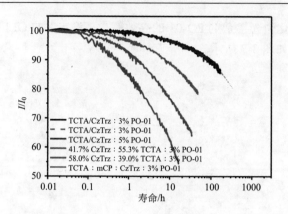

图 3-8　平面型和混合型激基复合物作主体敏化磷光掺杂剂的器件寿命对比[10]

3. 具有 TADF 特性的激基复合物主体掺杂传统荧光材料

当掺杂剂为磷光材料时，不管激基复合物主体是否具有 TADF 特性，都可以实现磷光 OLED 器件 100%的内量子效率。所以，对于激基复合物作为主体敏化磷光掺杂剂这一体系，并不能明显提高器件效率。但如果将传统的荧光发射材料作为掺杂剂掺入具有 TADF 特性的激基复合物主体是否会提高荧光 OLED 的器件效率？答案是肯定的。

传统的荧光发射材料，如 DPVBi、C545T、红荧烯和 DCJTB 等，由于自身最高 25%内量子效率的限制，这些材料作为发射剂制备的 OLED，其发光效率往往比较低。偶有高效率的实现，但改善并不明显，而且报道较少。随着磷光材料的出现，这些荧光发射材料甚至一度遭到摒弃，虽然其稳定性相对于磷光材料较好，但是其相对较低的发光效率无法为科研人员所接受。而随着 TADF 激基复合物的出现，传统的荧光材料重回科研人员的视野，利用具有 TADF 特性的激基复合物作为主体敏化传统的荧光掺杂剂这一体系就被提出来，因为本来 75%非辐射跃迁的三重态激子可以通过上转换被利用，这就极大地增加了单重态激子的比例，从而可以突破 25%的内量子效率限制，这就可以在很大程度上提高传统荧光 OLED 的发光效率。

激基复合物作为主体掺杂磷光材料已经有了大量的报道，其实很自然可以想到利用激基复合物作为主体掺杂传统的荧光材料，但该体系的报道并没有随着磷光掺杂而很快出现。这是由于磷光材料本身就可以实现 100%的内量子效率，当其作为掺杂剂掺入激基复合物主体时，不管从激基复合物主体到磷光掺杂剂的能量传递过程为 Förster 能量传递，还是 Dexter 能量传递，或者是磷光分子陷获机制直接发光，都可以实现对三重态激子的利用，所以实现起来比较容易。但是当传统的荧光材料掺入激基复合物主体时，就不是那么简单了。

具有 TADF 特性的激基复合物主体掺入传统荧光材料这一体系，目的是突破荧光 5%外量子效率的限制，实现传统荧光发射高的外量子效率。前提是保证一个有效的激子收集，其理想的能量传递过程如图 3-9 所示。

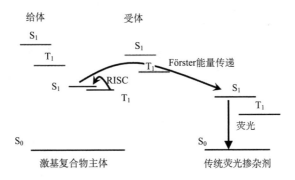

图 3-9　激基复合物主体掺杂传统荧光材料这一体系理想的能量传递过程

在这一体系中，若想实现高的传统荧光掺杂剂发光，只有如图 3-9 所示的一条途径，即在激基复合物主体上产生的75%三重态激子进行有效的反向系间窜越，进而实现有效的 Förster 能量传递，到达掺杂剂的 S_1 能级，最后得到高效的传统荧光掺杂剂发光。而除此途径之外的任何激子形成以及能量传递都是对激子的一种浪费，对效率的提高是没有帮助的。包括：荧光掺杂剂对载流子的陷获机制发光，激基复合物主体上形成的三重态激子向荧光掺杂剂的三重态能级的 Dexter 能量传递过程等。而保证图 3-9 中所示的能量传递过程，实现荧光掺杂剂高的发光效率，有两个关键点是需要满足的：一是大部分的激子都应该在激基复合物主体上形成，而被荧光掺杂剂陷获的激子要尽量避免；二是在激基复合物主体上形成的三重态激子要尽量避免通过 Dexter 能量传递到达荧光掺杂剂的 T_1 能级。这是因为在荧光掺杂剂上直接陷获形成的激子，其三重态激子依然无法被利用，只能通过无辐射跃迁浪费掉。而在该体系中 Dexter 能量传递是将激基复合物主体上形成的三重态激子传递到荧光掺杂剂的三重态能级，这也会造成传递过去的三重态激子非法被利用。也就是说，在该体系中，通过任何途径到达传统荧光掺杂剂三重态能级的过程对器件高效率的实现都是不利的。

香港城市大学的 Lee 研究组利用具有 TADF 特性的激基复合物 TAPC：DPTPCz 作为主体，传统的荧光发射材料 C545T 作为掺杂剂，在 0.2%的掺杂浓度下，实现了最高 14.5%外量子效率的荧光发射[11]。作者通过巧妙的器件结构设计成功解决了上述的两个关键点。其一，所选用的激基复合物主体的 LUMO 能级和 HOMO 能级与掺杂剂 C545T 的 LUMO 能级和 HOMO 能级非常接近，这就有效避免了掺杂剂对载流子的陷获。其二，通过精细的浓度控制和优化，尽量减小荧光掺杂剂的浓度，这就能最大程度地减少从激基复合物主体到掺杂剂的三重态-三重态能量传递，如图 3-10 所示。

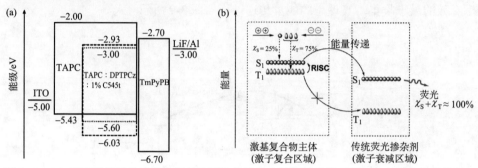

图 3-10　Lee 研究组设计的器件能级结构图和该结构中的能量传递示意图。主要的能量传递机制为单重态能级间的能量传递[11]

　　中国科学院长春光学精密机械与物理研究所的 Li 研究组选用具有 TADF 特性的激基复合物 TCTA：3P-T2T 作为主体，传统的发射红光的荧光材料 DCJTB 作为掺杂剂，同样通过精细的浓度优化，在 1.0% 的掺杂浓度下，实现了最高 10.15% 外量子效率的红光发射[12]。对不同浓度下的掺杂薄膜 TCTA：3P-T2T：x% DCJTB（x% 通常为质量百分含量）进行的光致发光光谱和瞬态光致发光衰减特性的测试中，本应仅纳秒量级的 DCJTB 寿命却表现出了毫秒的寿命，这表明 DCJTB 的发光是源于具有 TADF 特性的激基复合物主体的能量传递，如图 3-11 所示。快速寿命来源于激基复合物主体上直接形成的 25% 单重态激子的能量传递，而延迟的寿命则是激基复合物主体三重态激子上转换，进而再进行能量传递使荧光掺杂剂发光。

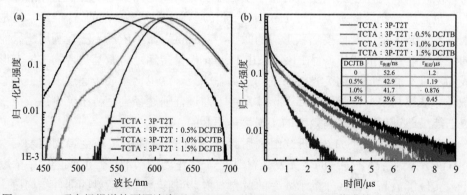

图 3-11　Li 研究组报道的不同浓度下 TCTA：3P-T2T：x% DCJTB 薄膜的光致发光光谱 (a) 以及光致发光瞬态寿命曲线 (b)[12]

韩国 Kim 研究组利用 TCTA：B4PYMPM 形成的激基复合物和传统荧光材料 DCJTB 分别作为主体和掺杂剂，同样通过细致的浓度优化，最终实现了最高 10.6% 的外量子效率[13]。不同 DCJTB 掺杂浓度的器件效率如图 3-12 所示。

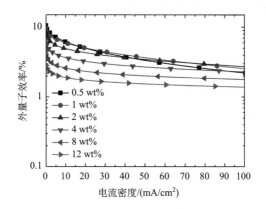

图 3-12　韩国 Kim 研究组报道的不同掺杂浓度下，TCTA：B4PYMPM：x% DCJTB 器件的
外量子效率–电流密度曲线[13]

通过以上几个实例可以看到，在具有 TADF 特性的激基复合物主体掺杂传统荧光材料这一体系中，掺杂剂的浓度起到了非常重要的作用。在该体系中，浓度的精细控制与优化是实现高效率荧光发射的必要条件。浓度过高，激基复合物主体与掺杂剂间的三重态–三重态能量传递就会很容易发生；而浓度过低，激基复合物主体和掺杂剂间就会发生不完全的能量传递，导致激基复合物主体发光的出现；而且，由于荧光材料的掺杂浓度相比于磷光材料都很低，所以对浓度的控制就要更加精确，而荧光材料对掺杂浓度的敏感性也比磷光材料高。所以，巧妙的器件结构设计和精细的浓度优化在该体系中是关键。

3.2.3　激基复合物主体在白光 OLED 中的应用

前面探讨了各种类型的激基复合物作为主体敏化荧光或者磷光材料，最终得到性能优异的掺杂剂发光。这些都是激基复合物作为主体在发射单色光的 OLED 中的应用。在 OLED 中，还有一种类型的器件占很大比例，即白光 OLED（WOLED）。WOLED 是天然的面光源，是目前其他光源所不能比拟的，如果在 WOLED 出光方向加上彩色滤光片，就可以实现白光加滤光片的显示模式。所以，WOLED 具有十分重要的研究意义。既然激基复合物作为主体在敏化单色的荧光或者磷光材料方面有很好的效果，那么是否可以将其用于 WOLED，实现优异的 WOLED 的发射？答案是肯定的。

　　激基复合物主体在 WOLED 中应用的关键是需要优秀的激基复合物主体，而最关键的则是该激基复合物具有 TADF 特性，而且是高效率发光的蓝光激基复合物，形成白光，或者是红绿蓝三基色混合，或者是蓝光和橙光这两种互补色混合。可见，蓝光在白光的发射中占有非常重要的作用，任何白光的发射都离不开蓝光。而激基复合物主体在 WOLED 的应用中，同样离不开蓝光的发射。由于这里激基复合物作为主体出现，所以蓝光的发射来源于激基复合物本身。因此，具有 TADF 特性、高效率发光的蓝光激基复合物就成为关键。前面提到，当激基复合物作为主体时，尤其是具有 TADF 特性的激基复合物作为主体，其小的单重态-三重态能级间隙是关键，这可以实现三重态激子的有效反向系间窜越，而激基复合物本身高的 TADF 发光效率就不是必需的了，这是因为反向系间窜越的三重态激子最终通过能量传递到达掺杂剂，使掺杂剂得以发光。而将激基复合物主体应用在 WOLED 中时，反向系间窜越的三重态激子能量会有一部分传递给掺杂剂，而另一部分就需要通过单重态能级直接辐射跃迁发光。因此，实现高效 WOLED 的激基复合物主体既要有小的单重态-三重态能级间隙，又要有高的荧光辐射发光效率。所以，高效率发射的蓝光激基复合物就成为研究激基复合物主体在 WOLED 中应用的重中之重。

　　Zhang 研究组设计合成了新的激基复合物给体材料 TPAPB，常见的 TPBi 作为受体材料，二者形成了高效率发射蓝光的激基复合物，最高外量子效率达到了 7.0%。而将发射橙光的 Ir 配合物 $Ir(2\text{-phq})_3$ 掺入 1∶1 混合的激基复合物主体 TPAPB∶TPBi 作为发光层，相应的 TPAPB 和 TPBi 分别作为空穴和电子传输层，只采用这三种有机材料，便实现了最高外量子效率达到 15.7% 的 WOLED[14]。所选用的材料和制备的器件结构以及器件效率如图 3-13 所示。

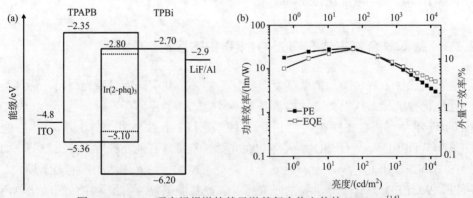

图 3-13　Zhang 研究组报道的基于激基复合物主体的 WOLED[14]

(a)采用的器件能级结构示意图；(b)功率效率-亮度、外量子效率-亮度曲线

　　该研究中 TPAPB：TPBi 是高效率发射蓝光的激基复合物，将发射橙光的 Ir 配合物掺入其中，利用激基复合物主体到掺杂剂的不完全能量传递，实现主体蓝光和掺杂剂橙光的同时发射，从而混合形成白光。激基复合物高效的蓝光发射源于其 TADF 特性，这使得三重态激子得以被最大限度地利用。因为掺入的是磷光材料，所以即使发生三重态-三重态间的能量传递，三重态激子也可以被利用。而激基复合物天然的高的三重态能级，使得其向掺杂剂的能量传递会更加有效。最后，由于空穴和电子传输层采用的是激基复合物的给体材料和受体材料，传输层和发光层之间的界面势垒被消除，从而降低电压，可以最大限度地提高 WOLED 的功率效率，而功率效率是衡量 WOLED 非常重要的一个参数，它直接关系着白光光源的功耗。

　　Lee 研究组报道了由给体 CDBP 和受体 PO-T2T 形成的高效率蓝光发射激基复合物。该激基复合物的发射峰为 480 nm，CIE 色坐标为 (0.17, 0.29)，最高外量子效率为 13.0%，是一种非常优秀的 TADF 蓝光激基复合物[15]。该激基复合物作为主体，掺入传统的发射绿光和红光的磷光 Ir 配合物，制备出了高效率的单层 WOLED，其最高外量子效率达到 25.5%。

　　上面两个实例都是以发射蓝光的激基复合物作为主体，然后将互补色的橙光磷光作为掺杂剂掺入其中，利用激基复合物主体到掺杂剂的不完全能量传递，得到激基复合物主体蓝光的发射和掺杂剂橙光的发射，最终实现 WOLED。器件结构的单发光层看似简单，但是由于发光层是激基复合物主体，需要给受体材料的共蒸，再加上掺入磷光掺杂剂，制备此发光层需要三源共蒸，甚至是四源共蒸，这就极大地增加了蒸镀难度，也很难保证器件的可重复性。同样还是 Lee 研究组，通过改变器件结构，采用双发光层，避免了三源共蒸或者四源共蒸，WOLED 最高外量子效率达到 19.3%，所采用的器件能级结构如图 3-14 所示[16]。

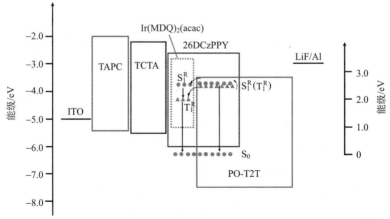

图 3-14　Lee 研究组制备的双发光层结构 WOLED 的能级结构示意图[16]

图中●●● 和 ▲▲▲ 分别代表单重态能级和三重态能级，对应右侧坐标；其他为 LUMO 能级、HOMO 能级，对应左侧坐标

从器件能级结构图中可以看到，作者采用的发光层结构为 26DCzPPY：x% Ir（MDQ）₂acac/26DCzPPY：PO-T2T。其中，26DCzPPY：x% Ir（MDQ）₂acac 为磷光掺杂的橙光发光层，而 26DCzPPY：PO-T2T 则是外量子效率可以达到 7.8% 的蓝光发射激基复合物发光层。同样利用蓝光激基复合物和橙光磷光发射混合形成WOLED，但是该器件结构中没有多源共蒸，只是常规的主客体掺杂以及激基复合物共蒸。还需要说明的是，在该白光器件结构中，磷光橙光的发射源于界面处形成的蓝光激基复合物的能量传递，相当于激基复合物主体在 WOLED 中的应用。

由此可见，以激基复合物作为主体实现白光的发射有一定的优势。首先，激基复合物主体会消除发光层和传输层之间的界面势垒，这有利于降低器件的工作电压，减小功耗，这对高功率效率 WOLED 的实现是非常有帮助的。其次，激基复合物主体可以视作双极性主体，可以有效平衡载流子在发光层的传输和复合，有利于扩展发光区域，减小激子猝灭，降低器件的效率衰减。最后，在 WOLED的应用中，激基复合物除了作为主体敏化掺杂剂发光，还可以作为白光中蓝光的发射材料；而之前蓝光成分的来源或者是传统的发射蓝光的荧光材料，或者是发射蓝光的磷光材料，两者都有各自的弊端：蓝光荧光材料虽然稳定，但是效率过低；蓝光磷光材料虽然效率很高，但是稳定性不足，容易分解。所以，高效率激基复合物蓝光的获得有效解决了这个问题。因此，利用激基复合物主体实现WOLED 的关键在于发射蓝光的激基复合物。同时，利用激基复合物主体实现白光的发射，问题也是显而易见的，就是高效率蓝光激基复合物的不易获得。目前，能实现外量子效率在 10% 左右的蓝光激基复合物依然很少，这有赖于新的给受体材料的出现。

另外，前面提到的 WOLED 都是荧光-磷光混合形成的白光发射，将发光层中发射橙光的磷光材料换成荧光材料制成基于激基复合物主体的全荧光WOLED，可以有效降低磷光材料中重金属 Ir 的引入带来的高昂材料成本，也是非常有前景的一个研究方向。Li 研究组在这方面做了一些研究工作，利用给体mCBP 和受体 PO-T2T 形成的蓝光激基复合物作为主体，传统的橙光发光材料红荧烯和红光发光材料 DCJTB 作为掺杂剂，成功实现了最高外量子效率为 7.05% 的全荧光 WOLED，所采用的器件能级结构和能量传递能级图如图 3-15 所示[17]。

作者采用了两种不同的器件结构来制备 WOLED，分别是前面所述的单发光层结构和双发光层结构。而采用的掺杂剂既有橙光磷光材料，也有传统的荧光发光材料，用以分别研究，最终实现了激基复合物主体的荧光-磷光混合 WOLED和全荧光 WOLED，最高外量子效率分别达到了 22.12% 和 7.05%，其中的全荧光白光器件是报道的为数不多的利用激基复合物主体形成的全荧光 WOLED。

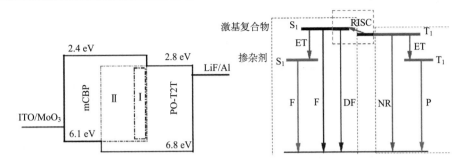

图 3-15　Li 研究组报道的激基复合物主体 WOLED 的器件能级结构图和能量传递示意图[17]

F、P、DF、NR 和 ET 分别代表荧光发射、磷光发射、延迟荧光发射、非辐射跃迁和能量传递

　　利用激基复合物主体实现全荧光 WOLED 的难点在于高效率发射橙光的荧光材料的获取以及细致的器件结构设计和浓度优化。发射橙光的荧光材料直接制约了 WOLED 的发光效率，高效橙光荧光材料的发展能极大地提高全荧光 WOLED 的效率；全荧光 WOLED 的器件结构设计和浓度优化要更加细致，确保单重态激子和三重态激子都在激基复合物主体上形成，进而通过有效的能量传递从激基复合物主体和荧光掺杂剂的单重态能级辐射跃迁发光，从而实现白光的发射；应该尽量避免荧光掺杂剂对注入载流子的直接陷获和激基复合物主体到荧光掺杂剂的直接三重态能量传递，从而最大限度地避免激子浪费，最终实现高效率的全荧光 WOLED。

3.3　激基复合物主体与非激基复合物混合主体的共性与区别

　　前面介绍的激基复合物主体和早些时候提出来的双主体非常相似，都是空穴传输材料和电子传输材料的混合，都是双极性主体，都可以提高器件的发光效率[18]。但二者又有什么区别呢？科研工作者也在这方面做了一些研究，针对单主体、非激基复合物混合主体和激基复合物主体三种不同的主体，研究了不同主体下客体的发光过程和机理。同样是 Kim 研究组[19]，研究了在磷光 OLED 中，基于单主体和激基复合物主体不同的复合机理，制备的器件能级结构如图 3-16 所示。通过电流-电压-亮度特性曲线绘制、瞬态电致发光特性分析和电容的测量发现：由于在单主体中主客体间大的能级间隙，客体陷获大量的电荷，因此陷获电荷辅助的复合发光占据主导作用；相反，由于积累的电荷密度在激基复合物主体中更低，因此首先在激基复合物主体上形成激子，进而通过 Förster/Dexter 能量传递致使客体发光，这也使得激基复合物主体的 OLED 有更高的效率和更低的效率衰减。

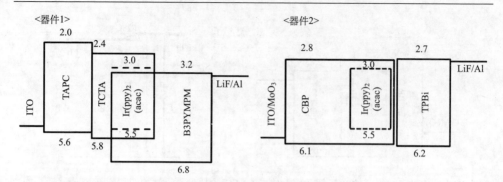

图 3-16　不同主体的器件能级结构图[19]

器件 1：以激基复合物为主体；器件 2：常规主体

　　Lee 研究组研究了激基复合物主体和非激基复合物主体两种不同器件的光发射机理[20]。采用的激基复合物主体为 TCTA∶TPBi，而非激基复合物主体为 CBP∶TPBi。结果表明：激基复合物主体的 OLED 以能量传递为主，而非激基复合物主体的 OLED 以电荷陷获复合发光为主；同时研究发现，控制激基复合物主体的给受体混合比例会极大地改变光发射机理，在比例为 1∶1 时，能量传递过程达到最大化，而低于或者高于此比例，都会使能量传递过程减弱，同时增大电荷陷获的概率，该研究所展示的不同光发射机理如图 3-17 所示。

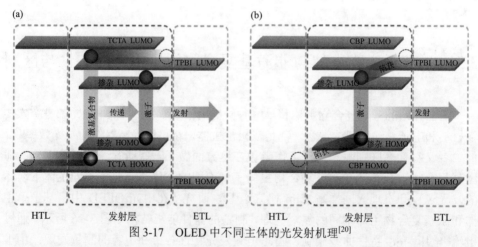

图 3-17　OLED 中不同主体的光发射机理[20]

(a) 激基复合物主体；(b) 非激基复合物主体。激基复合物主体 OLED 主要基于能量传递机理，非激基复合物主体 OLED 主要基于载流子陷获机理

　　因此，激基复合物型主体和非激基复合物型主体之间有共性，也有不同。共性：①都是空穴传输材料和电子传输材料的混合；②都可以调节混合比例，以此

获得最佳的电荷平衡因子；③都对器件效率的提高有明显的帮助。不同：①电荷传输层和发光层间的界面势垒不同，前者界面势垒几乎为零，后者则不是；②所实现的启亮电压不同，前者非常低，通常在 2～2.5 V，而后者通常在 3 V 以上；③发光机理不同，前者主要通过能量传递导致客体发光，而后者则以客体对电荷的陷获，直接在客体上的复合发光为主；④虽然都能提高器件效率，但是对效率衰减改善则不同，前者由于几乎没有电荷的陷获和积累，其效率衰减要更小，而后者在这方面则不具备任何优势。

3.4 本章小结

　　激基复合物主体由于其载流子双极传输特性、宽的载流子复合区域和发光层/传输层之间几乎为零的界面势垒等三个特点而被广泛应用在 OLED 中。激基复合物主体的这些特点使得 OLED 具有低的工作电压、低的效率衰减。根据激基复合物主体是否具有 TADF 特性以及掺杂剂是磷光还是荧光，可以组合成四种体系，其中最值得关注的就是具有 TADF 特性的激基复合物主体掺杂传统的荧光材料，这一体系可以实现激基复合物主体三重态激子的反向系间窜越，通过对三重态激子的收集，能极大地提高传统荧光 OLED 的发光效率。而激基复合物主体中掺入磷光材料，则不论该主体是否具有 TADF 特性，都不能在效率方面体现出明显的差别，但采用具有 TADF 特性的激基复合物作为磷光材料的主体，可以明显改善磷光 OLED 在大电流密度下的效率衰减。

　　激基复合物主体在 WOLED 的应用中也表现出一定的优势，将发射橙光的磷光或者荧光材料掺入发射蓝光的激基复合物主体，通过优化掺杂浓度，利用主客体间的不完全能量传递，实现主体蓝光和客体橙光的同时发射，便可形成白光。其优势在于激基复合物主体 OLED 明显的低工作电压，这可以有效提高 WOLED 的功率效率，从而降低功耗。而利用激基复合物主体实现全荧光发射的 WOLED，可有效避免磷光材料高额的成本，但如何进一步提高全荧光 WOLED 的效率，则有待于更加深入的研究。

　　到目前为止，激基复合物主体 OLED 依然面临一些严峻的挑战。首先，激基复合物主体是给受体材料的混合，但并不是任何一对形成激基复合物的给受体组合都可以作主体。给受体材料的三重态能级要高于所形成激基复合物的三重态能级，否则会造成激基复合物主体三重态激子的泄漏，导致能量传递不完全。因而，人们对新的给受体材料有了期盼，希望三重态能级更高、LUMO 和 HOMO 能级更加合适的给受体材料被合成出来。其次，利用激基复合物主体实现高效发射蓝光的磷光 OLED 依然需要突破，由于发射蓝光的磷光材料本身的三重态能级就很高，这对利用能量传递的主体的要求就更高，期待波长更短的高效激基复合物的出现。最后，在将激基复合物主体应用于 WOLED 的过程中，将会遇到来自更高效发光的蓝光激基复合物的研发以及更加合理的器件结构的设计等方面的挑战，尤其是激基复合物作主体的全荧光 WOLED 更高效率的实现。

参 考 文 献

[1] Park Y S, Jeong W I, Kim J J. Energy transfer from exciplexes to dopants and its effect on efficiency of organic light-emitting diodes. J Appl Phys, 2011, 110: 124519.

[2] Park Y S, Lee S, Kim K H, et al. Exciplex-forming co-host for organic light-emitting diodes with ultimate efficiency. Adv Funct Mater, 2013, 23(39): 4914-4920.

[3] Kim S Y, Jeong W I, Mayr C, et al. Organic light-emitting diodes with 30% external quantum efficiency based on a horizontally oriented emitter. Adv Funct Mater, 2013, 23(31): 3896-3900.

[4] Lee S, Kim K H, Limbach D, et al. Low roll-off and high efficiency orange organic light emitting diodes with controlled co-doping of green and red phosphorescent dopants in an exciplex forming co-host. Adv Funct Mater, 2013, 23(33): 4105-4110.

[5] Shin H, Lee S, Kim K H, et al. Blue phosphorescent organic light-emitting diodes using an exciplex forming co-host with the external quantum efficiency of theoretical limit. Adv Mater, 2014, 26(27): 4730-4734.

[6] Lee J H, Cheng S H, Yoo J, et al. An exciplex forming host for highly efficient blue organic light emitting diodes with low driving voltage. Adv Funct Mater, 2015, 25(3): 361-366.

[7] Murawski C, Leo K, Gather M C. Efficiency roll-off in organic light-emitting diodes. Adv Mater, 2013, 25: 6801-6827.

[8] Wang S P, Zhang Y W, Chen W P, et al. Achieving high power efficiency and low roll-off OLEDs based on energy transfer from thermally activated delayed excitons to fluorescent dopants. Chem Commun, 2015, 51: 11972-11975.

[9] Lee S, Shin H, Kim J J. High-efficiency orange and tandem white organic light-emitting diodes using phosphorescent dyes with horizontally oriented emitting dipoles. Adv Mater, 2014, 26(33): 5864-5868.

[10] Zhang D D, Cai M H, Zhang Y G, et al. Simultaneous Enhancement of efficiency and stability of phosphorescent OLEDs based on efficient Forster energy transfer from interface exciplex. ACS Appl Mater Interfaces, 2016, 8: 3825-3832.

[11] Liu X K, Chen Z, Zheng C J, et al. Nearly 100% triplet harvesting in conventional fluorescent dopant-based organic light-emitting devices through energy transfer from exciplex. Adv Mater, 2015, 27(12): 2025-2030.

[12] Zhao B, Zhang T Y, Chu B, et al. Highly efficient red OLEDs using DCJTB as the dopant and delayed fluorescent exciplex as the host. Sci Rep, 2015, 5: 10697.

[13] Kim K H, Moon C K, Sun J W, et al. Triplet harvesting by a conventional fluorescent emitter using reverse intersystem crossing of host triplet exciplex. Adv Opt Mater, 2015, 3(7): 895-899.

[14] Chen Z, Liu X K, Zheng C J, et al. High performance exciplex-based fluorescence-

phosphorescence white organic light-emitting device with highly simplified structure. Chem Mater, 2015, 27(15): 5206-5211.

[15] Liu X K, Chen Z, Qing J, et al. Remanagement of singlet and triplet excitons in single-emissive-layer hybrid white organic light-emitting devices using thermally activated delayed fluorescent blue exciplex. Adv Mater, 2015, 27(44): 7079-7085.

[16] Liu X K, Chen W C, Chandran H, et al. High-performance, simplified fluorescence and phosphorescence hybrid white organic light-emitting devices allowing complete triplet harvesting. ACS Appl Mater Interfaces, 2016, 8(39): 26135-26142.

[17] Zhang T Y, Zhao B, Chu B, et al. Simple structured hybrid WOLEDs based on incomplete energy transfer mechanism: From blue exciplex to orange dopant. Sci Rep, 2015, 5: 10234.

[18] Kondakova M E, Pawlik T D, Young R H, et al. High-efficiency, low-voltage phosphorescent organic light-emitting diode devices with mixed host. J Appl Phys, 2008, 104(9): 094501.

[19] Lee J H, Lee S H, Yoo S J, et al. Langevin and trap-assisted recombination in phosphorescent organic light emitting diodes. Adv Funct Mater, 2014, 24(29): 4681-4688.

[20] Song W, Lee J Y. Light emission mechanism of mixed host organic light-emitting diodes. Appl Phys Lett, 2015, 106(12): 123306.

第4章 基于分子内电荷转移的 TADF OLED 研究

前面几章介绍了激基复合物热活化延迟荧光(TADF)的机理及其在 OLED 中的应用，包括激基复合物 TADF 的发光和激基复合物作主体敏化掺杂剂实现高效率的 OLED 等。激基复合物是一种分子间的电荷转移(CT)现象，即给体和受体两种不同种分子间发生的电荷转移。除此之外，如果一个分子的结构中，既有给体单元部分，又有受体单元部分，那么在这一个分子内就有可能发生给受体单元间的 CT，也就是分子内 CT。由于 TADF 发光就是分子内 CT 的结果，因此在本章中，TADF 材料便指在一个分子内发生 CT 的材料。TADF 材料是荧光材料，但是却可以实现几乎 100%的内量子效率，因此是目前 OLED 领域最引人关注的材料，而 TADF 材料在 OLED 器件中的应用也受到了广泛的研究。基于此，本章分为四个部分进行介绍：首先是 TADF 材料的产生和特征特点；然后是 TADF 材料作为发光材料在 OLED 中的应用；接着是 TADF 材料作为主体材料在 OLED 中的应用；最后是 TADF 材料在 WOLED 中的应用。

4.1 TADF 材料的产生和特征特点

4.1.1 TADF 材料产生的背景

在光激发下，分子的激发与去激活的过程都伴随着自旋量子数的变化。当电子自旋量子数不变时为允许跃迁，而当电子自旋量子数改变时为禁戒跃迁。从 S_0 到 S_1 的激发和从 S_1 到 S_0 的去激活都是电子自旋量子数不变的情况，可以发生跃迁。而从 S_0 到 T_1 的激发和从 T_1 到 S_0 的去激活都是伴随着电子自旋量子数改变的，所以不能发生跃迁，是禁止的。正因为从 S_1 到 S_0 的过程容易发生，所以一般单重态激子的寿命都很短，在纳秒量级；而由 ISC 产生在 T_1 上的三重态激子从 T_1 到 S_0 的过程很难发生，所以一般三重态激子的寿命普遍要长，在微秒量级。对于荧光材料，从 S_0 到 T_1、S_1 到 T_1 和 T_1 到 S_0 的过程都很难发生。因此，荧光材料在光激发下只产生单重态激子，只发生 S_1 到 S_0 的辐射跃迁。

与光激发不同，电激发是电子和空穴由电极注入，进而复合形成激子的过程。根据自旋统计，在电激发下，有机半导体材料可同时产生单重态激子和三重态激子，并且比例为 1:3。也就是说，在电激发下，单重态激子占 25%，三重态激子占 75%。如前所述，荧光材料只允许 S_1 到 S_0 的发生，因此荧光材料最高只能实现 25% 的内量子效率。OLED 便是由于这种荧光材料的广泛应用而发展起来的。众多优秀的各色发光的传统荧光材料，如 DPVBi、C545T、红荧烯 (Rubrene)、DCJTB 等在当时得到了广泛的研究。即使是现在，也还在 OLED 中占有一席之地。传统荧光材料具有稳定性好、成本低廉和效率衰减小的优点，但是其最大的问题是效率太低。因此，如何利用 75% 的三重态激子使之最终辐射发光，便成为科研人员研究的重点。

最早对三重态激子实现利用是磷光材料的成功开发[1]。根据量子力学理论，原子序数越高，自旋轨道耦合作用也越强，而强烈的自旋轨道耦合作用可以极大地增强激子从单重态到三重态的跃迁，也就是系间窜越 (ISC)，这就是所谓的重原子效应。而磷光材料就是利用了这种重原子效应，通过将铱 (Ir)、铂 (Pt) 等重金属和有机材料相结合所形成的金属配合物。同样在光激发下，强烈的自旋轨道耦合作用使得单重态和三重态互相混合，单重态激子可以通过 ISC 形成三重态激子，而强烈的自旋轨道耦合也使得三重态激子从 T_1 能级到基态的跃迁不再受自旋禁戒的限制，使 T_1 到 S_0 的过程得以发生，这就得到磷光的发射。因此，在电激发下，产生的单重态激子通过 ISC 形成三重态激子，最终 100% 的三重态激子发生从 T_1 到 S_0 的辐射跃迁，实现 100% 的内量子效率，如图 4-1 所示[2]。

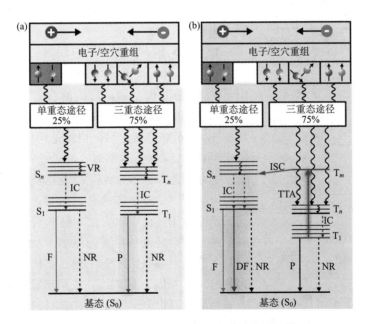

图 4-1　收集三重态激子用于发光的过程[2]

(a) 磷光材料的重原子效应；(b) TTA 过程。F、P、IC、ISC、VR、NR、DF 分别代表荧光发射、磷光发射、内转换、系间窜越、振动弛豫、非辐射跃迁、延迟荧光发射

　　另外一个对三重态激子的利用是基于三重态-三重态湮灭(TTA)机理，如图 4-1 所示。当单重激发态 S_1 和三重激发态 T_1 之间有比较大的能级间隙时(通常为 $2E_{T_1} > E_{S_1}$)，两个三重态激子就会转变为一个单重态激子，这就是 TTA 过程[3]，也被称为 p 型的延迟荧光。由于在 TTA 中除去自身产生的 25%单重态激子，额外的单重态激子通过两个三重态激子转化而来，因此在 TTA 中，最多只能实现 62.5%的内量子效率。在荧光材料中，三重态激子的辐射跃迁是禁止的，因此 TTA 过程可以有效提高器件的发光效率；而对于磷光材料，三重态激子的辐射跃迁是可以发生的，因此 TTA 会降低发光效率，同时 TTA 也是磷光 OLED 在高电流密度下效率衰减的重要原因。

　　传统荧光材料在实际应用中虽然有高的稳定性和低的成本，但是其最大内量子效率只有 25%，这严重限制了它的应用。而磷光材料虽然可以实现将近 100%的内量子效率，但是随着电流密度的增加，器件效率会发生严重的衰减。另外，在实际应用中磷光材料的选择性非常小，只限于贵金属 Ir 和 Pt 的金属配合物，而且磷光材料面临着随着金属 Ir 和 Pt 的开采而匮乏可能导致的材料成本上涨问题。TTA 过程虽然能提高荧光 OLED 的效率，但内量子效率无法达到 100%。于是，可持续发展的高效率发光材料就成为新的研究课题。TADF 材料的研究就是在这样的背景下出现的。

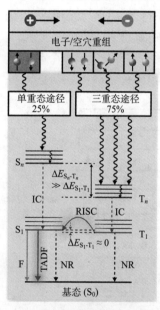

图 4-2　TADF 过程[2]

RISC、ΔE_{S-T} 分别代表反向系间窜越、单重态-三重态能级间隙

　　TADF 是通过 T_1 到 S_1 的反向系间窜越实现对三重态激子收集的，也称为 E 型的延迟荧光，如图 4-2 所示[2]。根据洪德定则，T_1 能量总是低于 S_1 的，这样的反向系间窜越应该是受激发生的。但是当 T_1 能量和 S_1 能量非常接近时，也就是说单重态-三重态能级间隙(ΔE_{S-T})非常小时，由于分子原子的热运动，便可以克服这样的 ΔE_{S-T}，使得反向系间窜越过程得以实现。这样，本来是自旋禁止、非辐射跃迁的三重态激子，便可以通过 TADF 分子中的反向系间窜越过程而转变成单重态激子，从而实现高效延迟荧光的发射(从 S_1 到 S_0)。通过科研人员的不懈努力，尤其是 Adachi 研究组，成功开发出大量的没有金属元素的有机分子荧光 TADF 材料，并且使内量子效率突破 25%的限制，最高实现了几乎 100%的内量子效率。可以说，TADF 材料兼具传统荧光材料和磷光材料各自的优点，既能实现几乎 100%的内量子效率，又具有低成本、高稳定性的特点，因此成为最具前景的 OLED 发光材料。

4.1.2　TADF 材料的发展和设计

TADF 材料可以是金属有机配合物，也可以是纯有机小分子材料。金属有机配合物包括 Cu（Ⅰ）配合物、Ag（Ⅰ）配合物、Au（Ⅰ）配合物、Sn（Ⅳ）配合物等。在本章中，金属有机配合物的 TADF 发光材料不在重点介绍范围之列，因此本章中的 TADF 材料特指纯有机小分子 TADF 材料。

到目前为止，发展最为成熟的纯有机小分子 TADF 材料的分子结构普遍为 D-A 型（donor-acceptor 型，给-受体型）分子结构。TADF 材料的一个分子结构中既有给体单元，也有受体单元，而分子的 HOMO 能级主要由给体单元贡献，分子的 LUMO 能级主要由受体单元贡献，因此 TADF 材料有分开的 HOMO 和 LUMO 能级。前面章节介绍的激基复合物是给体分子和受体分子之间发生的 CT 过程，而 TADF 材料是分子内的给体单元和受体单元之间发生的 CT 过程，这种分开的 HOMO 和 LUMO 能级非常有利于实现小的 ΔE_{S-T}，从而三重态激子可以通过反向系间窜越实现 TADF 的发射。

虽然分开的 LUMO 和 HOMO 能级有利于实现小的 ΔE_{S-T}，从而导致三重态激子反向系间窜越，最终实现 TADF 的发射，但是，根据 Franck-Condon 规则，LUMO 和 HOMO 能级间小的轨道交叠会导致发光材料辐射衰减效率低[4]。因此在设计 D-A 型分子结构时，这两个条件需要同时满足才可以：既要有分开的 LUMO 和 HOMO 能级，又不能降低辐射衰减效率。这就对 TADF 材料的分子设计提出了挑战。经过科研人员的研究和报道，大多数基于 D-A 型高效 TADF 材料遵循下列要求：①分开的给体单元 HOMO 能级和受体单元 LUMO 能级，实现小的 ΔE_{S-T}[5]；②通过位阻连接给受体单元可以进一步减小 ΔE_{S-T}，如扭曲连接、螺旋连接等，因为这样的位阻效应能有效地减小 HOMO 和 LUMO 的空间轨道交叠[6,7]；③给受体单元的 π-共轭长度和氧化还原电位以及它们之间的共轭中断也应该考虑[8]；④给受体单元间紧密的连接可以增大 HOMO 和 LUMO 间波函数的交叠程度，也可以加强分子结构的硬度，这样可以提高辐射衰减效率[9]。

分子内 D-A 结构可以用图 4-3 描述[2]，给受体单元通过一个合适的桥连接以形成 D-A 分子。在这样一个给受体单元空间分开的分子结构中，激发态是由给受体间的 CT 实现的，如果给受体单元直接连接，由于前线轨道交叠很有限，PL 效率往往较低。因此，通过一个桥进行连接，便可以杂化给受体部分。为了实现有效的 TADF 发射，小的 ΔE_{S-T}、稳定的三重态能级 T_1 和高的辐射跃迁效率是必需的。因此，给受体单元间利用位阻效应进行连接是十分必要的，这可以保证产生强的 CT 发光。虽然有各种各样的有机给体部分可以选择，但是大部分的选择还是包含 N 的芳香族咔唑（N-containing aromatics of carbazole）、二苯基胺（diphenyl amine)、吩噁嗪(phenoxazine)和它们的衍生物,这很有可能是由于它们比较强的给电子能力、稳定以及高的三重态激发态等。但受体单元却是各种各样的,都可以用在这种 D-A 型的分子结构中,用以调节发光的强度、颜色和器件性能。

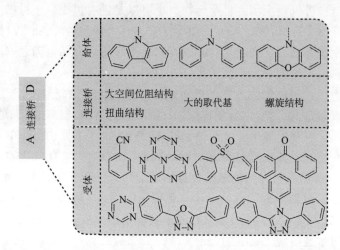

图4-3　典型的分子内 D-A 型 TADF 分子的给受体单元以及连接桥展示[2]

4.1.3　TADF 材料中关键的 TADF 过程

TADF 材料存在两个显著的单分子发光机理:快速荧光(prompt fluorescence,PF)和延迟荧光(delayed fluorescence,DF)。快速荧光源于电注入下直接产生的单重态激子从 S_1 到 S_0 的快速辐射跃迁(寿命通常在纳秒量级);而延迟荧光则是电注入下直接产生的三重态激子通过反向系间窜越转变成单重态激子,进而进行的从 S_1 到 S_0 的辐射跃迁,由于在辐射跃迁之前有一个额外的反向系间窜越过程,因此表现出一个更长的荧光寿命(寿命通常在微秒量级)。图 4-4 所示为两种不同寿命的荧光发射过程[10]。

TADF 材料可以被光激发,也可以制备成 OLED 实现电激发,但都会出现如上所述的快速荧光和延迟荧光。当 TADF 材料被光激发时[图 4-4(a)],只会产生单重态激子,而不会直接产生三重态激子,因此三重态激子产生于单重态激子的系间窜越。快速荧光和延迟荧光分别通过单重态激子的辐射跃迁和三重态激子的反向系间窜越进而辐射跃迁,都可以被观察到。

在此重点介绍电激发下,OLED 的 TADF 发光,有四个重要的过程[图 4-4(b)]:①在电子和空穴复合之后产生的单重态激子和三重态激子比例为 1∶3;②通过快速的振动弛豫(vibrational relaxation,VR)和内转换(internal conversion,IC)过程,处于高能量激发态的激子被传递到最低激发态(S_1 或者 T_1)；③在热激发下，处于 T_1 上的三重态激子通过反向系间窜越反向传递到 S_1 能级，转变成单重态激子；④电激发下直接产生的单重态激子和从 T_1 反向传递的单重态激子分别辐射跃迁到 S_0，产生两种寿命的荧光发射，分别为快速荧光和延迟荧光。在这四个过程中，从 T_1 到 S_1 的反向系间窜越效率最为关键，关系着能否有效收集产生的三重态激子，从而提高器件的发光效率。为了加速反向系间窜越过程，小的 $\Delta E_{S\text{-}T}$ 是必需的，在热激发下才能实现有效的 T_1 到 S_1 的窜越。但是这样一个有效的反向系间窜越过程(T_1 到 S_1)，同时也会伴随着有效的系间窜越过程(S_1 到 T_1)，因为 S_1 具有比 T_1 更高的能级。最后，TADF 分子中 S_1 和 T_1 能级上的单重态激子和三重态激子同时进行着系间窜越和反向系间窜越，处于一种动态的平衡过程。

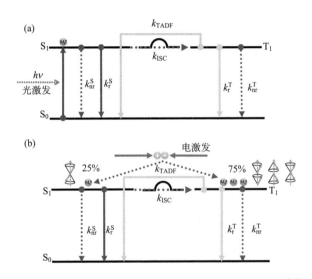

图 4-4　光激发(a)和电激发(b)下的 TADF 过程示意图[10]

k 表示过程的速率常数，上标 S 和 T 分别表示单重态和三重态，下标 r、nr 分别表示辐射跃迁和非辐射跃迁过程，ISC 表示系间窜越，TADF 表示热活化延迟荧光；M_1^* 为单重态激子，M_3^* 为三重态激子

4.2　TADF 材料作为发光材料在 OLED 中的应用

TADF 材料利用延迟荧光的发射可以实现高效的发光，将其应用在 OLED 中可以实现高效率的 OLED。与磷光材料一样，TADF 材料在高的三重态激子浓度下也存在着严重的浓度猝灭和 TTA 现象。因此，TADF 材料作为发光材料需要将其掺入合适的主体中，该主体应该具有以下特征：①比 TADF 发光材料具有更高

的三重态能量，以阻止从客体到主体的反向能量传递；②合适的 LUMO 和 HOMO 能级，以保证电子空穴从邻近传输层到主客体掺杂层的有效注入；③比客体更大的 LUMO-HOMO 能级带隙，以实现掺杂剂分子对电荷有效的陷获；④双极传输特性，以实现平衡的电子空穴在发光层的传输和复合；⑤高的稳定性和成膜性。

自从 1961 年第一次报道 TADF 现象(也称 E 型延迟荧光)以来[11]，科研人员付出极大的努力开发高效的 TADF 材料，包括金属-有机配合物、D-A 型小分子结构等。TADF 材料的掺杂浓度可以低到 1%，但是外量子效率却达到了 21.2%[12]；通过双主体系统，外量子效率可以进一步提升到 30%[13]。基于 TADF 发光材料的 OLED 寿命达到了可以与磷光 Ir 配合物相比拟的程度，初始亮度为 1000 cd/m^2 时的寿命达到 2800 h，而初始亮度为 500 cd/m^2 时，寿命超过了 10 000 h[14]。而在非掺杂的 TADF 材料方面，最高外量子效率达到了 18.9%[15]。

4.2.1　基于 TADF 材料的主客掺杂型高效 OLED

TADF 材料是分子结构设计上的创新，分子设计重点是要有小的 $\Delta E_{S\text{-}T}$ 和大的荧光辐射衰减速率，但是像磷光材料一样，存在浓度猝灭和 TTA 现象，也具有比较严重的高电流密度下效率衰减现象，因此多数基于 TADF 材料的 OLED 发光层都是掺杂型的。TADF 材料在 OLED 中的应用实现重大突破始于日本九州大学 Adachi 研究组 2009 年发表在 *Adv. Mater.* 上的一篇文章[16]。该文章在 Sn^{4+}-卟啉配合物中首次观察到电激发下的 TADF 现象，而且随着温度的升高，可以清晰地观察到增强 TADF 现象。快速荧光和延迟荧光也能很好地区分出来，这对实现高效的电致发光具有很好的指导意义。作者将其用于 OLED，虽然效率还很低，但提出了利用 TADF 实现高效率荧光 OLED 的可能性。图 4-5 所示为观察到 TADF 现象的 6 个 Sn^{4+}-卟啉配合物。

2010 年，Deaton 等在设计合成的铜配合物中同样观察到了 TADF 现象，并将其掺入主体制备成 OLED，利用反向系间窜越将三重态激子收集，获得的器件最高外量子效率为 16.1%[17]。图 4-6 为所用的铜配合物分子结构和器件外量子效率-电流密度关系曲线，可以看出在小电流密度(0.01 mA/cm^2)时的外量子效率最大，在 100 mA/cm^2 时降到了初始外量子效率的 12%左右，器件在高电流密度下的效率衰减还是很大的。

以上介绍的是在金属-有机配合物中观察到 TADF 现象，并将其应用于 OLED，通过三重态激子的反向系间窜越，实现延迟荧光的发射。而在 2011 年，Adachi 研究组在纯有机小分子材料中实现了 TADF 的发射，器件实现了最高 5.3%

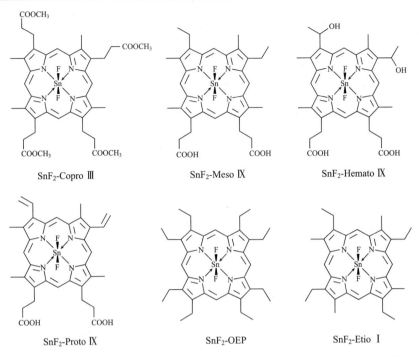

图 4-5　Adachi 研究组报道的观察到 TADF 现象的 6 个 Sn^{4+}-卟啉配合物[16]

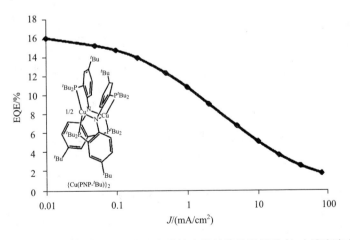

图 4-6　Deaton 等报道的铜配合物分子结构和器件的外量子效率-电流密度曲线[17]

的外量子效率[18]。接下来，Adachi 研究组在 *Angew. Chem. Int. Ed.*、*Chem. Commun.*、*J. Am. Chem. Soc.*、*Phys. Rev. Lett.*、*Appl. Phys. Lett.* 等一系列知名杂志陆续发表纯有机小分子 TADF 发光材料，OLED 效率也一路攀升。终于在 2012 年获得了可以

和磷光 OLED 效率相比的，内量子效率达到 100% 的 TADF 荧光 OLED，这一研究成果发表在国际权威杂志 *Nature* 上[9]。作者利用咔唑(carbazole)作为给体基团，利用间苯二腈(dicyanobenzene)作为受体基团，报道了一系列的 TADF 材料，并且通过调节外围基团的数量或者引入其他的取代基，使得器件的发光颜色从天蓝色变化到橙色。将发射绿光的 TADF 材料 4CzIPN 掺入磷光 OLED 中最常用的主体 CBP，在浓度为 5% 时，器件实现了最高 19.3%±1.5% 的外量子效率。图 4-7 所示为相关的研究成果，展现了一系列各色发光的 TADF 材料，除绿光 TADF 之外，典型的蓝光和红光 TADF 材料也实现了比较高的外量子效率。

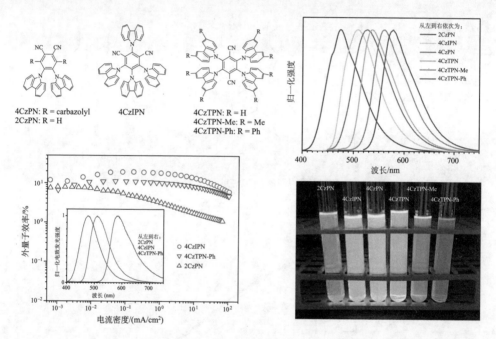

图 4-7　Adachi 研究组报道的 TADF 材料的分子结构、EL 光谱和器件外量子效率–电流密度曲线[9]

　　作为文章中最优秀的 TADF 材料 4CzIPN，其在甲苯溶剂中的光致发射峰位于 507 nm，光致发光量子效率达到了 94%±2%。在氮气气氛下，所测得的延迟荧光寿命为 5.1 μs，而快速荧光寿命为 17.8 ns，这很好地体现了该 TADF 材料的延迟荧光特性，进而作者将氧气引入溶剂 10 min 时，发现延迟荧光寿命变得非常短，只有 91 ns，而快速荧光寿命为 6.9 ns，荧光量子效率也降低到 10%。这表明 4CzIPN 为 TADF 材料，延迟荧光被氧气猝灭掉。作者进而对制成的掺杂薄膜 CBP：5%±1%4CzIPN 进行光致发光量子效率的测试，其量子效率也高达 83%±2%，如此高的光致发光量子效率和如此小的 $\Delta E_{S\text{-}T}$ 是实现其几乎 100% 内量子效率的保证。

　　另外一个表征 TADF 材料延迟荧光特性的测试手段就是瞬态光致发光光谱衰减特性和时间分辨光谱的测试，如图 4-8 所示。从瞬态衰减特性中可以看到曲线长长的尾巴，这就是延迟荧光成分，表明了三重态激子的反向系间窜越过程。而时间分辨光谱也同样验证了延迟荧光的存在。通过计算，作者给出了在不同温度下光致发光的快速荧光效率、延迟荧光效率和总的荧光效率，可以看到，延迟荧光在总的荧光发射中占据了很大的比例。同时，作者还计算出 TADF 发光材料 4CzIPN 的单重态–三重态能级差，其 $\Delta E_{\text{S-T}}$ 只有 83 meV。

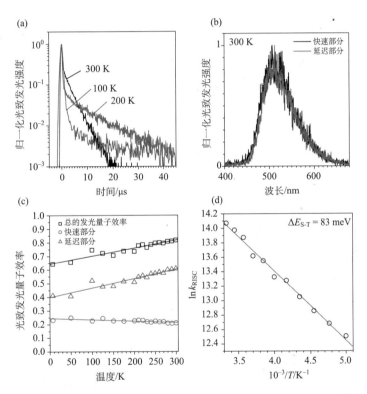

图 4-8　不同温度下的 CBP∶5 wt% 4CzIPN 薄膜的光致发光特性[9]

(a)不同温度下的瞬态光致发光衰减特性，激发波长为 337 nm；(b)时间分辨的快速和延迟荧光光谱；(c)随温度变化的光致发光量子效率，包括快速荧光、延迟荧光和总的荧光效率；(d)假定系间窜越速率常数为 $4 \times 10^{-7}\ \text{s}^{-1}$ 时，4CzIPN 中从三重态到单重态反向系间窜越率常数的阿伦尼乌斯曲线

　　虽然 TADF 材料在绿光 OLED 方面实现了将近 100% 的内量子效率，但是蓝光发射的 TADF 材料发光效率仍然比较低，而且大多表现出高电流密度下严重的效率衰减，这主要是由于单重态–三重态相对大的能级差和发光分子长寿命所导致

的。在报道的发射蓝光的 TADF 材料中，一些由 $^3\pi\pi^*$ 或者 $^3n\pi^*$ 特性引起的局域态能量低于激发三重态能量，这意味着可以通过调节激发单重态（^{1}CT）能级和最低的局域激发三重态（^{3}LE）能级最大限度地减小 ΔE_{S-T}。一些文献表明，增加给体基团和受体基团之间的扭曲角可以限制它们之间的电子相互作用，这可以稳定 CT 态，增加局域激发三重态的能量[19,20]。因此，需要通过一种新的计算方法预测分子的激发单重态、激发三重态（^{3}CT）和局域激发三重态。2014 年，Adachi 研究组，成功设计了高效的、具有短的激发态瞬态寿命的发射蓝光的 TADF 材料 PPZ-4TPT 和 DMAC-DPS，分子结构和能级图如图 4-9 所示[21]。

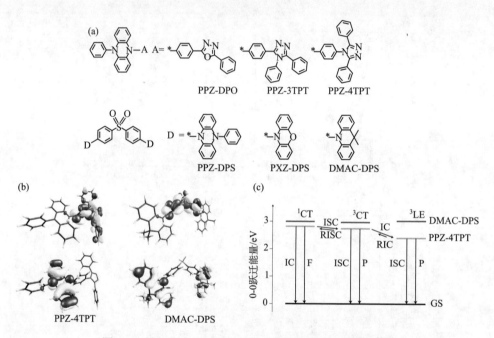

图 4-9　所合成 TADF 材料的分子结构和理论计算结果[21]

(a)所研究化合物的分子结构；　(b)用 B3LYP/6-31G 计算的 PPZ-4TPT 和 DMAC-DPS 的 HOMO 和 LUMO 能级；
(c)计算的在甲苯中 PPZ-4TPT 和 DMAC-DPS 的 Jablonski 能级示意图

　　Adachi 研究组将发射蓝光的 TADF 材料 DMAC-DPS 掺入 DPEPO 制成掺杂型的 OLED，实现了高效的 DMAC-DPS 的发射，其最高外量子效率达到了 19.5%。在 1000 cd/m² 的亮度时，器件的外量子效率依然有 16.0%，可见在高电流密度下具有很小的效率衰减，器件结构和外量子效率曲线如图 4-10 所示。同时，基于 DMAC-DPS 发光的 OLED 展示了天蓝色的发光，其 CIE 色坐标为(0.16, 0.20)，发射峰位于 470 nm。发射蓝光的高效 TADF 材料的实现归因于分子结构上的巧妙设计和器件结构的优化，在得到小的 ΔE_{S-T} 的同时，还获得了非常高的光致发光量子效率，而且都展现出非常好的延迟荧光特性。这样，高的反向系间窜越效率和高的辐射发光效率便实现了优异的器件性能，达到将近 100%的内量子效率，这已经和磷光 OLED 的器件水平相当。

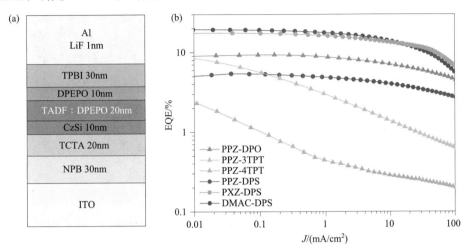

图 4-10　Adachi 研究组报道的基于蓝光 TADF 材料的高效率 OLED 的器件结构(a)和外量子效率-电流密度曲线(b)[21]

基于掺杂型的 TADF 材料发展迅速，并连续取得突破，实现了从蓝光到红光的各色高效率发光，效率也逐步攀升，实现了几乎和磷光器件同等的效率水平，成为未来最具前景的 OLED 用发光材料。

4.2.2　基于 TADF 材料的非掺杂高效 OLED

基于 TADF 材料的掺杂型 OLED 实现了和磷光器件相当的水平，但是也和磷光 OLED 一样，也需要将其掺入合适的主体，由于是主客体的掺杂结构，所以制备起来会比非掺杂的发光层复杂，而简单的器件制备对实际应用是非常重要的。所以能否研制出非掺杂的 TADF 材料，对于简化器件结构和制作工艺是至关重要的。日本的 Adachi 研究组在这方面也做了一些研究，结果发表在 2015 年 *Adv. Mater.* 杂志上[15]。

非掺杂的 TADF 材料通常具有高的光致发光量子效率、短的激发态寿命、高的热稳定性和双极传输特性。在这项研究工作中，作者利用的两种 TADF 材料分别是 DMAC-DPS 和 DMAC-BP，它们分别是蓝光和绿光的发射材料。将其制成非掺杂的 OLED，都实现了将近 20%的外量子效率，所采用的器件结构和性能如图 4-11 所示。从图中可以看到，作者对非掺杂的发光层两侧的空穴传输层和电子传输层进行优化，从而实现了高效率的发光。对于发射绿光的非掺杂 OLED，最高外量子效率为 18.9%，功率效率为 59 lm/W，最大亮度达到了将近 50 000 cd/m²；而发射蓝光的非掺杂 OLED 在 100 cd/m² 下实现了 19.5%的外量子效率。这些非掺杂的 OLED 都达到了与磷光 OLED 相当的器件效率水平，这是非常难得的。最终研究表明，非掺杂的 TADF 材料实现如此高的效率是由于相对大的斯托克斯位移和弱的 π-π 堆叠的影响，这使得它们对浓度的变化并不敏感。这种非掺杂 TADF 材料的成功研制对未来 OLED 的发展具有重大意义，因为成功地解决了实际应用中的成本高和工艺复杂等问题，非常值得关注。

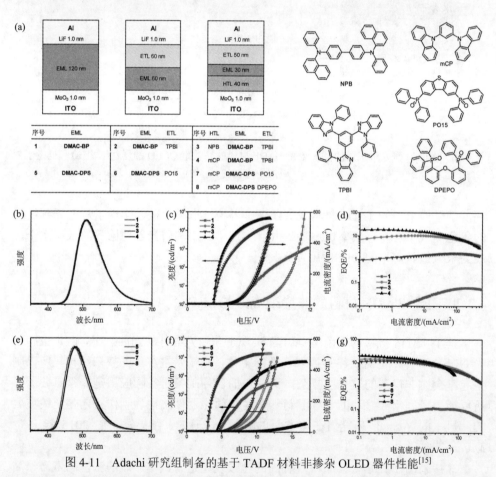

图 4-11　Adachi 研究组制备的基于 TADF 材料非掺杂 OLED 器件性能[15]

(a)包含 DMAC-BP 和 DMAC-DPS 的非掺杂 OLED 结构和空穴传输电子传输材料的分子结构；(b)基于 DMAC-BP 的 OLED 在 1000 cd/m² 亮度时的电致发光光谱；(c)基于 DMAC-BP 的 OLED 亮度-电压和电流密度-电压特性曲线；(d)基于 DMAC-BP 的 OLED 外量子效率-电流密度特性曲线；(e)基于 DMAC-DPS 的 OLED 在 1000 cd/m² 亮度时的电致发光光谱；(f)基于 DMAC-DPS 的 OLED 亮度-电压、电流密度-电压特性曲线；(g)基于 DMAC-DPS 的 OLED 外量子效率-电流密度特性曲线

4.2.3　基于 TADF 材料的 OLED 寿命研究

前一小节介绍了 TADF 材料可以实现非常高的发光效率，甚至达到了磷光 OLED 的水平。既然效率水平达到了很好的指标，那么在实际应用方面，它的工作寿命又是如何呢？2013 年，Adachi 研究组对此进行了一些研究[14]，作者为了研究基于 TADF 材料的 OLED 实现高的工作稳定性的可能性，通过在发光层界面处引入激子阻挡层和优化 TADF 材料的掺杂浓度，精心设计了器件结构。结果表明，扩大载流子的复合区域以提高电子的注入效率会极大地影响器件的工作寿命。最终，基于 TADF 材料的 OLED 在 $1000\ cd/m^2$ 的初始亮度下，在维持一个比较高的外量子效率的同时，实现了超过 2500 h 的寿命，达到了可以和磷光 Ir 配合物 OLED 相当的寿命水平。图 4-12 展示了该篇文章中的器件能级结构、器件效率以及在不同掺杂浓度时器件的工作寿命曲线。

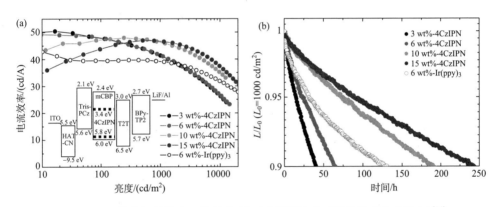

图 4-12　器件能级结构和器件效率 (a) 以及不同浓度下器件的寿命曲线 (b)[14]

作者通过精心的结构设计，最终选择了如图 4-12 中所示的器件结构，发光层以 mCBP 作为主体，而掺杂剂分别为传统的发射绿光的磷光材料 Ir(ppy)₃ 和发射绿光的 TADF 材料 4CzIPN，T2T 作为阻挡层。在器件效率方面，TADF 材料作为掺杂剂实现了更高的效率，可以与传统的磷光器件相媲美。而在工作寿命方面，TADF 材料也是可以和传统磷光材料相比拟的，而且表现出随着浓度的变化，器件寿命明显不同，甚至更高的掺杂浓度比磷光器件的寿命要长。表 4-1 给出了详细的效率和工作寿命数据汇总。TADF 材料以 15% 的浓度掺入主体时，在初始亮度为 $1000\ cd/m^2$，亮度下降到 50% 时，工作寿命为 2800 h。而当初始亮度为 $500\ cd/m^2$ 时，寿命甚至超过 10 000 h。作者认为浓度的不同所导致的器件寿命不同，是由于不同浓度下的器件结构对载流子的传输和复合区域的影响不同所致，当掺杂更高浓度的 TADF 材料时, 载流子有更好的传输和更平衡的复合, 同时也扩大了载流子的复合区域, 因此实现了更长的寿命。

表 4-1　不同掺杂浓度的器件效率和工作寿命数据汇总[14]

EML	电流效率/(cd/A) (@1000 cd/m²)	功率效率/(lm/W) (@1000 cd/m²)	η_{EQE}/% (@1000 cd/m²)	LT₉₀/h	LT₅₀/h
3 wt%-4CzIPN	50.0 (41.4)	35.7 (20.9)	17.0 (13.4)	40	506
6 wt%-4CzIPN	49.2 (41.1)	33.5 (19.6)	15.6 (13.1)	65	685
10 wt%-4CzIPN	47.9 (46.6)	32.7 (28.1)	14.2 (13.8)	190	ca. 1900
15 wt%-4CzIPN	47.0 (46.5)	30.7 (28.1)	14.0 (13.9)	243	ca. 2800
6 wt%-Ir(ppy)₃	42.9 (39.1)	32.1 (19.2)	11.8 (11.1)	130	ca. 4500

注: 4CzIPN 掺杂浓度分别为 3 wt%、6 wt%、10 wt%和 15 wt%的 OLED, 实现最大电流效率时对应的电流密度分别为 0.01 mA/cm²、0.04 mA/cm²、0.5 mA/cm² 和 1.0 mA/cm², Ir(ppy)₃ 掺杂浓度为 6 wt%的器件实现最大电流效率时对应的电流密度为 0.02 mA/cm²; LT₉₀表示亮度降低到初始亮度的 90%时的寿命, LT₅₀表示亮度降低到初始亮度的 50%时的寿命; ca.表示计算得到的结果

　　有关寿命的研究所取得的成果对 TADF 材料的产业化进程起到重要的推动作用, 一种成熟的、被市场所接受的材料, 长的工作寿命是必需的。TADF 材料是一种新兴的发光材料, 但是发展迅速, 期望更多的科研院所加入对 TADF 材料寿命的研究中, 研发出具有更长工作寿命的 TADF 材料, 以推动其产业化进程。

4.3　TADF 材料作为主体材料在 OLED 中的应用

　　前面介绍了 TADF 材料的基本分子结构和 TADF 过程及其作为发光材料在 OLED 中的一些实际应用。由于 D-A 型的 TADF 材料, 其分子结构中既包含利于传输空穴的给体基团, 也包含利于传输电子的受体基团, 让人期待其具有对电子和空穴的双极传输特性, 而这一特性正是掺杂主体材料所追求的。清华大学的 Duan 研究组对前面所述的高效蓝光发射 TADF 材料 DMAC-DPS 的双极性进行了研究[22]。该组制备了基于 DMAC-DPS 的单载流子传输器件, 并检测了单电子和单空穴传输器件的电流密度-电压曲线, 如图 4-13 所示。可以看到, 随着电压的升高, 单载流子器件的电流密度也出现快速的增长, 这表明 DMAC-DPS 具有很好的传电子和传空穴能力, 验证了 TADF 材料的载流子双极传输特性。同时, 也表明, TADF 材料是一种潜在的主体材料, 可以将其作为主体应用在 OLED 中。

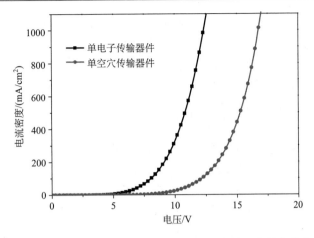

图 4-13　基于 TADF 材料 DMAC-DPS 的单电子和单空穴传输器件的电流密度-电压曲线[22]

4.3.1　TADF 材料作为辅助掺杂剂在荧光 OLED 中的应用

　　TADF 材料具有小的 $\Delta E_{S\text{-}T}$，因而可以实现对三重态激子的利用，理论上可以使其全部转化为单重态激子，进而发生从 S_1 到 S_0 的辐射跃迁，从而得到快速荧光和延迟荧光，最终实现 100%的内量子效率。而将其作为主体材料时，就要禁止 TADF 材料发生辐射跃迁，将其自身产生的单重态激子和三重态激子传递给掺杂剂，使掺杂剂发光。传统荧光材料由于无法利用三重态激子，因此其最高内量子效率只有 25%，即使将传统荧光材料掺入主体，利用主体的能量传递使其发光，依旧面临着三重态激子无法利用的问题。而 TADF 材料，由于其三重态激子的反向系间窜越实现了对三重态激子的利用，而将其作为主体时，依旧可以实现三重态激子的反向系间窜越。因此，将传统荧光材料掺入 TADF 材料，由于主体单重态激子的比例提高了，利用主客体间的单重态-单重态能量传递，便可实现荧光掺杂剂高效率的发射，突破其最高 25%内量子效率的上限。因此，将 TADF 材料作为主体便成为 OLED 研究的一个重要方向。

　　该思想最早出现在 2014 年 Adachi 研究组发表在 *Nat. Commun.*上的一篇文章[23]。但是文章中将 TADF 材料称为辅助掺杂剂，之所以被称为辅助掺杂剂是由于作者所设计的器件结构为主体：TADF 材料：传统荧光掺杂剂，而能量传递过程为主体—TADF 材料—传统荧光掺杂剂，是这样一种瀑布式的能量传递过程。电子和空穴从电极注入后，首先到达主体，在主体上形成单重态激子-三重态激子，进而通过能量传递将单重态和三重态激子传递给 TADF 材料，或者通过电荷陷获的方式直接在 TADF 材料上形成单重态激子和三重态激子。由于 TADF 材料小的 $\Delta E_{S\text{-}T}$，在 TADF 材料上的三重态激子发生反向系间窜越过程，最后 TADF 材料上的单重态激子和三重态激子通过反向系间窜越转变的单重态激子通过单重态-单重态能量传递将能量全部传递给荧光掺杂剂，实现掺杂剂高效率的发光。

具体来说，文章采用的掺杂剂为传统的荧光掺杂剂。前面已提到，传统荧光材料由于三重态激子的非辐射跃迁，其最高内量子效率为 25%，相应的最高外量子效率为 5%。而在该篇文章中，作者利用这种瀑布式的能量传递过程实现了传统荧光材料蓝、绿、黄和红各色发光，获得了外量子效率高达 13.4%～18% 的高效率荧光 OLED。所用的掺杂剂、TADF 辅助掺杂剂和瀑布式能量传递如图 4-14 所示。所用的蓝、绿、黄和红发光传统荧光掺杂剂分别为 TBPe、TTPA、TBRb 和 DBP，相应的 TADF 辅助掺杂剂分别为 ACRSA、ACRXTN、PXZ-TRZ 和 tri-PXZ-TRZ，而真正的主体材料分别为 DPEPO、mCP、mCBP 和 CBP。可以看到，每个 TADF 辅助掺杂剂都是典型的 TADF 材料，具有给体基团和受体基团，可以发生有效的三重态激子反向系间窜越，进而可以实现其到荧光掺杂剂的能量传递。

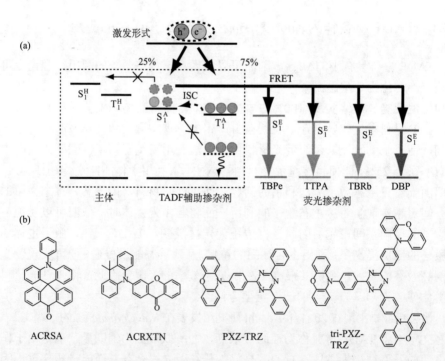

图 4-14　瀑布式能量传递示意图 (a) 和 TADF 辅助掺杂剂分子结构式 (b)[23]

(a) 中的左侧：电激发形成的激子可为 25% 单重态激子和 75% 三重态激子；虚线箭头表示 TADF 辅助掺杂剂的三重态激子从 T_1 到 S_1 的反向系间窜越；粗黑线箭头表示 TADF 辅助掺杂剂 S_1 上的单重态激子到荧光掺杂剂的 Förster 能量传递；各种颜色的实线箭头表示荧光掺杂剂的各色发光。上角 H、A、E 分别表示主体、TADF 辅助掺杂剂和荧光掺杂剂

　　既然该能量传递过程能够获得荧光掺杂剂高的发射效率，那么如何保证该能量传递的顺利进行就成为研究的重点。最重要的就是主体的单重态能级和三重态能级要分别高于 TADF 辅助掺杂剂的单重态能级和三重态能级，而 TADF 辅助掺杂剂的单重态能级和三重态能级要高于荧光掺杂剂的单重态能级和三重态能级，这样就保证了这种瀑布式的能量传递过程，而不会出现 TADF 辅助掺杂剂向主体和荧光掺杂剂到 TADF 辅助掺杂剂的这种反向能量传递，这会损害荧光掺杂剂的发光效率。表 4-2 给出了相关的单重态能量和三重态能量。可以看到，主体的 S_1 能级和 T_1 能级高于 TADF 辅助掺杂剂的 S_1 能级和 T_1 能级，而 TADF 辅助掺杂剂的 S_1 能级和 T_1 能级高于荧光掺杂剂的 S_1 能级和 T_1 能级。从表中还可以看到，对于不同发光颜色的荧光掺杂剂，作者分别选用了不同的主体以及 TADF 辅助掺杂剂，由此知道为了实现最终荧光掺杂剂发光的最高效率，作者对主体以及 TADF 辅助掺杂剂进行了精心的选择，而不是随便选用一种主体或者 TADF 辅助掺杂剂。除了单重态能级和三重态能级之外，另一个关键因素就是 TADF 辅助掺杂剂在主体中的掺杂浓度，表中同样也给出对于各色发光不同的荧光掺杂剂和各自优化的掺杂浓度数值。

表 4-2　四种不同发光颜色的荧光掺杂剂所对应的主体以及 TADF 辅助掺杂剂的各项参数总结[23]

EL 颜色	主体 (E_{S_H}, E_{T_H}) /eV	TADF 辅助掺杂剂 (E_{S_A}, E_{T_A}) /eV	TADF 辅助掺杂剂浓度 /wt%	$\Delta E_{S\text{-}T}$ /eV	荧光掺杂剂 E_{S_F} /eV	荧光掺杂剂浓度 /wt%	φ_{PL} /%
蓝	DPEPO (3.50, 3.00)	ACRSA (2.55, 2.52)	15	0.03	TBpe (2.69)	1	80±2
绿	mCP (3.40, 2.90)	ACRXTN (2.53, 2.47)	50	0.06	TTPA (2.34)	1	81±2
黄	mCBP (3.37, 2.90)	PXZ-TRZ (2.30, 2.23)	25	0.07	TBRb (2.18)	1	90±2
红	CBP (3.36, 2.55)	tri-PXZ-TRZ (2.27, 2.16)	15	0.11	DBP (2.03)	1	88±2

　　TADF 辅助掺杂剂的浓度在不同的主体中是不同的，这是经过作者细致的浓度优化的。其实，TADF 辅助掺杂剂的浓度对能量传递过程有很大影响，浓度过低或者过高对能量传递效率都会有不良影响。当 TADF 辅助掺杂剂浓度过低时，电子和空穴不能有效地复合成激子，造成能量的损失；而当浓度过高时，会发生浓度猝灭，还会发生 TADF 辅助掺杂剂到荧光掺杂剂的三重态-三重态能量传递，而该过程对传统荧光掺杂剂发光来说是不利的。因为此时传统荧光掺杂剂不能利

用自身的三重态激子进行辐射跃迁发光，也不能发生反向系间窜越过程，所以在荧光掺杂剂上的三重态激子只能白白浪费掉。因此，要对 TADF 材料的掺杂浓度进行优化，既不能过低，又不能过高，这样才能实现理想的能量传递过程。也就是说，作者通过对 TADF 辅助掺杂剂的浓度优化，要保证单重态激子和三重态激子在 TADF 辅助掺杂剂的分子上很好地产生，并且使得单重态激子直接能量传递到荧光掺杂剂，而三重态激子通过反向系间窜越转变成单重态激子，进而也通过单重态-单重态能量传递过程传递到荧光掺杂剂，同时要避免从 TADF 辅助掺杂剂到荧光掺杂剂的三重态-三重态能量传递过程。因此，对 TADF 辅助掺杂剂的浓度优化也成为影响这种瀑布式能量传递效率的一个关键因素。

　　基于以上种种分析，他们通过细致的器件结构设计、精细的浓度优化，实现了传统荧光掺杂剂非常高的器件效率，如表 4-3 所示。实现的蓝、绿、黄和红光发射的荧光 OLED 最高外量子效率分别达到 13.4%、15.8%、18.0% 和 17.5%，都远远超过了之前最高的外量子效率(5%)。

表 4-3　利用 TADF 辅助掺杂剂实现对三重态激子的收集所制备的四种发光颜色的 OLED 性能参数[23]

器件发光	启亮电压/V	最高 EQE/%	最大 CE/(cd/A)	最后 PCE/(lm/W)	CIE 色坐标	1000 cd/m² 亮度下的性能			
						电压/V	EQE/%	CE/(cd/A)	PCE/(lm/W)
蓝	4.7	13.4	27	18	(0.17, 0.30)	7.8	8.7	18	7
绿	3.0	15.8	45	47	(0.29, 0.59)	4.1	11.7	38	30
黄	3.2	18.0	60	58	(0.45, 0.53)	5.2	17.2	56	33
红	3.0	17.5	25	28	(0.61, 0.39)	6.4	10.9	20	10

　　注：OLED 表示有机发光器件；CE 表示电流效率；CIE 表示国际照明委员会；EQE 表示外量子效率；PCE 表示功率转换效率

　　为了进一步分析该体系中的能量传递过程，证明在电激发下，传统荧光掺杂剂的发光来源于 TADF 辅助掺杂剂对三重态激子的收集，进而进行的单重态能级间能量传递，作者对红光发射器件进行了 300 K 下的瞬态电致发光分析，电激发脉冲宽度为 1 μs。图 4-15(a) 给出了以 CBP：15 wt% tri-PXZ-TRZ：1 wt% DBP 为发光层的红光器件的发光拖尾图像和瞬态电致发光衰减曲线。在电激发脉冲关闭之后，可以看到一个发光峰位于 610 nm 处的延迟荧光发光带。此外，该延迟荧光发光光谱和快速荧光的光谱一致，这就表明了在 TADF 辅助掺杂剂 tri-PXZ-TRZ 上发生的三重态激子反向系间窜越过程进而到荧光掺杂剂 DBP 的共振单重态能量传递过程。作者同时对这种双掺杂系统分别在光激发和电激发下的激子形成过程进行了详细描述。在光激发下，由于光吸收，单重态激子主要产生于 CBP 主体的 S$_1$ 能级，而 TADF 辅助掺杂剂在 CBP 主体中的掺杂浓度很高，因此几乎所有在 CBP 主体上的单重态激子会传递到 tri-PXZ-TRZ 的 S$_1$ 能级。除此之外，也会有一少部分单重态激子由于光吸收而直接产生于 tri-PXZ-TRZ 分子上。接下来，一部分单重态激子通过 Förster 能量传递过程到达荧光掺杂剂 DBP 的 S$_1$ 能级，从而产生快速荧光。同时，在 tri-PXZ-TRZ 上的单重态激子会发生系间窜越和反向系间窜越过程，进而再通过 Förster 能量传递到达 DBP 的 S$_1$ 能级，从而产生延迟荧光。由于荧光掺杂剂 DBP 的掺杂浓度非常低，因此可以忽略激子在 DBP 分子上的直接形成。而在电激发下，会直接在 TADF 辅助掺杂剂的单重态能级和三重态能级上分别形成 25% 的单重态激子和 75% 的三重态激子，因此在电激发下延迟荧光的发光强度要比光激发下的更大，正如图 4-15(b) 所示。

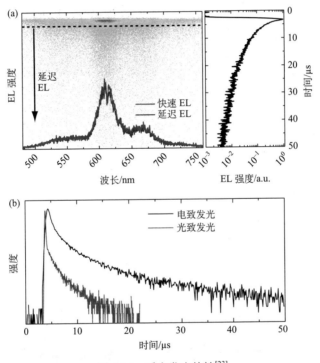

图 4-15　瞬态发光特性[23]

(a) 红光 OLED 的时间分辨电致发光图像。左图为拖尾图像，右图为时间分辨电致发光衰减曲线。延迟的电致发光光谱收集于电激发后 3～50 μs。(b) 光致发光和电致发光下的瞬态衰减曲线。红线为光激发下的 CBP：15 wt% tri-PXZ-TRZ：1 wt% DBP 薄膜；黑线为电激发下以 CBP：15 wt% tri-PXZ-TRZ：1 wt% DBP 为发光层的红光 OLED

　　另外，他们也对不同发光层结构器件的工作稳定性进行了测试，发现在传统的主-客体系统中引入 TADF 材料作为辅助掺杂剂，不仅能提高器件的效率，还能有效提高器件的工作稳定性。图 4-16 给出了在不同器件结构下的工作稳定性。其中，器件 A 的发光层结构为 mCBP：25 wt% PXZ-TRZ：1 wt% TBRb，器件 B 的发光层结构为 mCBP：1 wt% TBRb，而器件 C 的发光层结构为 mCBP：25 wt% PXZ-TRZ，都是发射黄光的 OLED。可以看到，器件 A 也就是有 TADF 材料作为辅助掺杂剂的器件拥有最好的电致发光寿命衰减曲线，说明这种双掺杂体系对改善器件的工作稳定性是非常有帮助的。

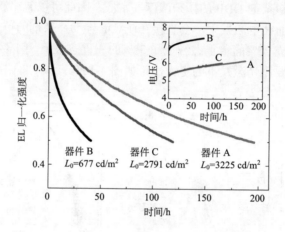

图 4-16　不同发光层结构器件的工作稳定性曲线[23]

器件 A、B 和 C 的初始亮度分别为 3225 cd/m^2、677 cd/m^2 和 2791 cd/m^2；插图：随着时间推移的电压上升曲线

可见，TADF 材料作为辅助掺杂剂的这种双掺杂系统对实现荧光 OLED 高的发光效率和高的工作稳定性具有明显的提高。因此，这种 TADF 材料作为辅助掺杂剂从而形成对荧光掺杂剂的瀑布式能量传递是一种非常有前景的 OLED 器件结构。

4.3.2　TADF 材料作为主体在荧光 OLED 中的应用

前一小节介绍的是 TADF 材料作为辅助掺杂剂实现对传统荧光掺杂剂的能量传递，从而实现掺杂剂高效率的发光。但是其作为辅助掺杂剂，由于有主体、TADF 材料和掺杂剂，在器件制备上要求三源共蒸，这无疑会增加器件制备难度，降低器件制备的重复率。因此，科研人员对 TADF 材料直接作为主体材料用来敏化荧光掺杂剂做了一些研究，就像传统的磷光 OLED 一样，构建一个主客体的掺杂结构。另外，主客体掺杂结构，常常要求主体的三重态能级要大于客体的，以保证主体之间发生有效的能量传递。但是对于大多数有机材料，能级间隙 $\Delta E_{S\text{-}T}$ 都大于 0.5 eV，这就使得主体的单重态能级更高，因此主体的带隙会非常大，这不利于电子和空穴的注入，会增大器件的工作电压。因此，器件往往表现出高的电流效率和外量子效率，但功率效率会相对低。而 TADF 材料由于具有比较小的 ΔE_{S-T}，因此将其作为主体，在保证主体具有相对高的三重态能级的同时，还能有效减小带隙，这非常有利于电子和空穴的注入，从而可以有效降低器件电压，增加器件的功率效率。清华大学的邱勇研究组利用 TADF 材料作为主体敏化传统的荧光掺杂剂 DDAF，在 2014 年报道了最高外量子效率达到 12.2%，同时最大功率效率达到 44.1 lm/W 的发射橙色荧光的 OLED[24]。

作者采用两种分子结构相似的 TADF 材料作为主体分别制备了 OLED，两种 TADF 材料分别为 PIC-TRZ 和 DIC-TRZ。当采用 DIC-TRZ 作为主体时，采用如下的器件结构：ITO/HATCN（5 nm）/NPB（40 nm）/TCTA（10 nm）/ DIC-TRZ：1 wt% DDAF（30 nm）/Bphen（40 nm）/LiF（0.5 nm）/Al（150 nm），实现了 DDAF 发光，最高外量子效率为 12.2%。在 10 cd/m^2 的亮度下，电流效率和功率效率也分别达到 26.4 cd/A 和 44.1 lm/W。而相同的器件结构，采用 PIC-TRZ 作为主体时，器件的最高外量子效率只有 4.7%。图 4-17 给出了不同 TADF 主体发光层结构的 OLED 性能曲线。

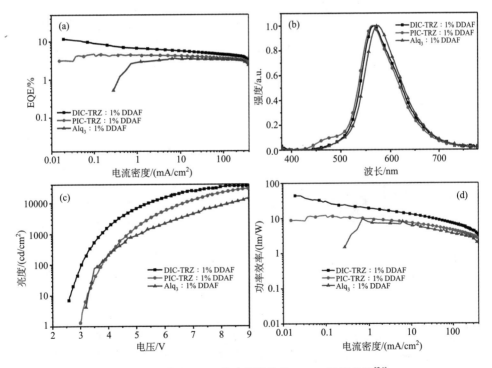

图 4-17　不同 TADF 发光层结构的 OLED 性能曲线[24]

(a) 外量子效率-电流密度曲线；(b) 在 6 V 电压下的电致发光光谱；(c) 亮度-电压曲线；(d) 功率效率-电流密度曲线

文中还表征了当传统荧光材料 DDAF 以不同浓度掺入 TADF 材料主体时薄膜的光致发光光谱以及瞬态光致发光衰减特性，这里以 DIC-TRZ：x% DDAF 掺杂薄膜为例说明，如图 4-18 所示。其中，图 4-18(a) 是不同浓度下的光致发光光谱，可以看到，当掺杂剂的浓度从 0 wt% 逐渐升高到 2 wt% 时，TADF 材料主体的发射强度逐渐降低，最后消失，这很好地说明了从 TADF 主体到掺杂剂的能量传递过程。而图 4-18(b) 和 (c) 分别表示不同浓度下，监测 TADF 主体发射峰 515 nm 和掺杂剂 DDAF 发射峰 570 nm 所得瞬态光致发光衰减曲线。从两幅图中，特别是监测 570 nm 的 DDAF 发射峰时，可以清晰地观察到瞬态光致发光包含快速的和延迟的两个荧光发射成分，这进一步证实了从 TADF 主体到荧光掺杂剂 DDAF 的能量传递过程。

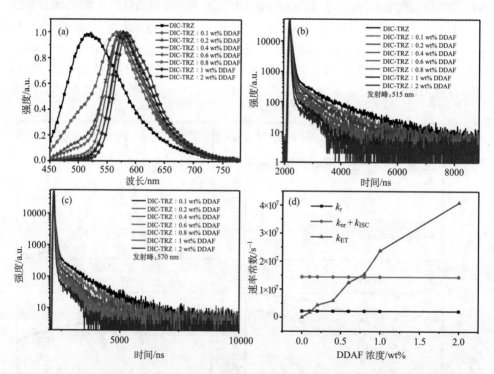

图 4-18　不同浓度下掺杂薄膜的光致发光光谱以及不同监测峰下的瞬态光致发光衰减特性[24]

因为传统荧光材料 DDAF 的发射只有快速成分，所以这里 DDAF 延迟荧光成分的出现充分表明 TADF 主体上三重态激子的反向系间窜越，进而再发生的能量传递过程。而将掺杂剂 DDAF 以不同浓度掺入另一个 TADF 主体 PIC-TRZ，则展示出同样的结果，这里不再过多论述。

那么，同为 TADF 材料，分子结构也相似，而且都会发生三重态激子的反向系间窜越和 TADF 主体到荧光掺杂剂的单重态–单重态能量传递，并且在吹入氮气的情况下，PIC-TRZ 在甲苯溶剂中的光致发光量子效率(39%)还要高于 DIC-TRZ 的(25%)，为什么两者作为 TADF 主体会产生如此大的效率的不同呢？首先，这是由于两者的单重态–三重态能级间隙ΔE_{S-T}的不同，计算表明，PIC-TRZ 的ΔE_{S-T}为 0.11 eV，而 DIC-TRZ 的ΔE_{S-T}仅为 0.06 eV，小的ΔE_{S-T}预示着更高的反向系间窜越效率，因此 DIC-TRZ 主体到掺杂剂的能量传递效率要高于 PIC-TRZ 主体到掺杂剂的能量传递效率。另外，PIC-TRZ 主体掺杂 DDAF 荧光掺杂剂，两者之间不太合适的能级结构，不可避免会导致载流子的直接陷获，这会严重损害器件的发光效率。为了证实这一观点，作者对器件的电致发光衰减特性进行了测试与分析，如图 4-19 所示。在脉冲电压的下降沿可以发现，PIC-TRZ 作主体的器件有尖峰，而 DIC-TRZ 作主体的器件则没有观察到尖峰。尖峰的出现意味着在器件中存在陷获的电荷，当施加的电场消失之后，会发生陷获电荷的再复合过程。图 4-19 就充分证实了 PIC-TRZ 作为主体，DDAF 作为荧光掺杂剂器件的电荷陷获过程的存在，这对利用 TADF 主体三重态激子上转换，继而进行能量传递实现荧光掺杂剂高效率发光过程是不利的，所以效率会比较低。

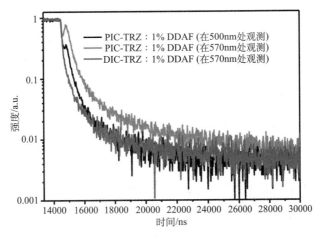

图 4-19　在不同监控波长下，器件的电致发光瞬态衰减曲线[24]

　　吉林大学的 Wang 研究组将荧光发射的 QA 掺杂剂掺入典型的 TADF 主体 4CzIPN，实现了低电压、高功率效率和低效率衰减的荧光 OLED，同样利用了 TADF 主体的反向系间窜越，进而发生的向荧光掺杂剂的 Förster 能量传递。其最高外量子效率和功率效率分别为 13.5% 和 53.4 lm/W。更重要的是，器件在 1000 cd/m^2 的亮度时，其外量子效率仍然有 12.6%，具有非常小的效率衰减。

　　因此，在 TADF 材料作主体敏化传统荧光掺杂剂实现掺杂剂高效率发光这一体系中，对于 TADF 材料，关键是要有小的 ΔE_{S-T}，从而实现高的反向系间窜越效率，而其本身的光致发光量子效率就显得没有那么重要了，因为单重态能级上的激子是要发生能量传递而不是进行辐射跃迁发光。另外一个关键就是主–客体能级的匹配，尽量避免客体对电荷的陷获作用，掺杂剂浓度也不能太高，否则会发生对该体系不利的三重态–三重态能量传递。所以，TADF 主体高的反向系间窜越效率和 TADF 主体到荧光掺杂剂高的单重态–单重态能量传递效率是实现该体系下荧光掺杂剂高效率发光的关键因素。这在 TADF 主体的器件结构设计上具有一定的指导意义。

4.3.3　TADF 材料作为主体在磷光 OLED 中的应用

磷光 OLED 虽然可以实现 100%的内量子效率，但是也有其自身的问题存在。先简单介绍主客体掺杂型磷光 OLED 中的能量传递过程。常规的磷光 OLED 中从主体到磷光掺杂剂主要是通过单重态–单重态和三重态–三重态能量传递，但是传递到磷光掺杂剂的单重态激子会快速地通过系间窜越到达磷光掺杂剂的三重态能级，这样和通过三重态–三重态能量传递过来的三重态激子一起，由磷光掺杂剂的三重态能级进行辐射跃迁产生磷光的发射。还有一种磷光掺杂剂的发光方式，就是磷光掺杂剂陷获注入发光层的载流子，从而使载流子直接在磷光掺杂剂上复合发光，而且陷获还是一种在磷光 OLED 中比较常见的方式。因此，通常磷光掺杂剂的掺杂浓度较高，一般都在 3%～10%。而磷光材料中包含 Ir 和 Pt 等重金属，掺杂浓度过高，会造成材料成本的增加。另外，磷光 OLED 由于磷光材料本身的不稳定性，尤其是发射蓝光的磷光材料，还面临着相对较短的工作寿命的问题。

TADF 材料的出现及其作为主体（即 TADF 主体）在荧光 OLED 中的应用表明了 TADF 材料可以作为一种很好的主体材料应用于 OLED。TADF 材料作为主体时，其向掺杂剂的主要能量传递方式为三重态激子的反向系间窜越以及长程的单重态能级间的 Förster 能量传递，该能量传递方式为一种快速的能量传递，可以有效缩短三重态激子的寿命，也可以减小掺杂剂的掺杂浓度，图 4-20 给出了 TADF 主体对磷光掺杂剂的能量传递过程和发光层示意图。因此，将磷光材料掺到 TADF 主体便受到一些科研工作者的关注。Fukagawa 等在 TADF 主体敏化磷光材料方面做了一些研究工作[25]。

作者将磷光掺杂剂 Ir(mppy)$_3$ 分别掺到 TADF 主体 PIC-TRZ 和常规主体 CBP 中，之所以选用 PIC-TRZ 作为 TADF 主体，是因为它和 CBP 内都有一个传空穴的咔唑基团，而且两者几乎具有相同的三重态能量，因此将同一种磷光材料掺入其中，器件性能表现出来若不同，就会在某方面更具有对比性。结果表明，TADF 主体和 CBP 主体做出的器件有可比拟的效率，都达到了约 20%的外量子效率。但明显的不同是，TADF 主体比 CBP 主体的器件具有更好的稳定性，大电流密度下效率衰减更小，寿命更长，如图 4-21 所示。可以看到，在效率方面，两者几乎是一致的，但是在高电流密度下，效率的衰减就不一样了，以 TADF 材料 PIC-TRZ 为主体的器件具有大电流密度下更小的效率下降。插图中给出了器件的寿命曲线，可以看到二者有明显的差别，当初始亮度为 1000 cd/m², 亮度下降到 50%时，PIC-TRZ 主体器件寿命超过 10 000 h，而 CBP 主体器件的寿命仅为 1000 h，差了一个数量

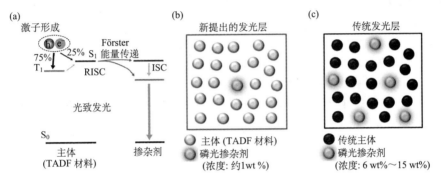

图 4-20　TADF 主体对磷光掺杂剂的能量传递过程和不同掺杂主体的发光层示意图[25]

(a)TADF 主体向磷光掺杂剂的能量传递过程；(b)TADF 主体的磷光 OLED 发光层示意图；
(c)传统主体的磷光 OLED 发光层示意图

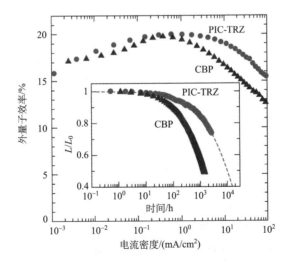

图 4-21　TADF 材料 PIC-TRZ 为主体和常规主体 CBP 的磷光 OLED 外量子效率-电流密度关系曲线[25]

插图：L/L_0-工作时间关系曲线(L 表示器件亮度；L_0 表示器件初始亮度，L_0=1000 cd/m²)

级，可见 TADF 主体在改善磷光 OLED 寿命方面具有明显的优势，可以实现磷光 OLED 更长的寿命。

另外，作者还发现，当 PIC-TRZ 为主体时，器件效率不随浓度的改变而出现明显变化。也就是说，TADF 主体的器件性能对浓度并不敏感，即使在非常小的掺杂浓度 1 wt% 下，依旧实现了最高 20.3% 的外量子效率，只有在 10 wt% 的浓度下，器件效率出现略微减小，如表 4-4 所示，这可能是由浓度过大所引起的 TTA 造成的。另外，当 CBP 作为主体时，在不同的磷光掺杂浓度下，器件寿命变化很大。但是当 TADF 材料 PIC-TRZ 作为主体时，在不同掺杂浓度下，器件寿命改变也很小；同样地，也只有在 10 wt% 的掺杂浓度下，器件的寿命出现了严重的降低。这表明将 TADF 主体应用在磷光 OLED 中，可以有效降低磷光材料的掺杂浓度，而不会极大地改变器件效率和工作寿命；而常规的主体对磷光 OLED 的效率虽然不会造成严重的影响，但是在器件寿命方面的伤害还是很大的。究其原因，这是由于在不同主体下，主体到客体的不同能量传递方式所引起的，前面简单介绍了常规的磷光 OLED 和 TADF 主体的磷光 OLED 主客体掺杂的能量传递过程，下面详细介绍。

表 4-4　不同主体不同掺杂浓度下的电致发光性能和寿命数据[25]

主体	掺杂浓度/wt%	电压/V	$J/(\text{mA/cm}^2)$	EQE/%	CE/(cd/A)	CIE 色坐标	LT_{50}/h
PIC-TRZ	1	4.5	1.4	20.3	74	(0.34, 0.62)	> 10 000*
	3	4.7	1.2	20.0	73	(0.34, 0.62)	> 10 000*
	6	4.5	1.4	19.9	72	(0.35, 0.62)	> 10 000*
	10	4.5	1.6	17.8	64	(0.36, 0.61)	6 500*
CBP	1	5.6	1.5	19.8	72	(0.32, 0.62)	500
	6	5.2	1.6	19.1	70	(0.34, 0.62)	1 500
	10	5.0	1.4	19.0	68	(0.34, 0.62)	500

*表示估计值

图 4-20(a) 所示为 TADF 主体的磷光 OLED 中的能量传递过程。从图中可以看到，当 TADF 材料作为主体时，与常规的磷光主体一个很明显的不同就是主体的三重态激子走向。在常规磷光主体中，三重态激子是通过 T_1 能级直接传递到掺杂剂的 T_1 能级，而在 TADF 主体中，三重态激子发生了反向系间窜越过程，回到了主体的单重态 S_1 能级，然后主体所有的激子通过自身 S_1 能级传递到磷光掺杂剂的单重态能级和三重态能级，磷光掺杂剂单重态能级上的单重态激子再通过系间窜越到达自身的三重态能级，最后所有的激子都从磷光掺杂剂的 T_1 能级进行辐射跃迁发射磷光。即 TADF 材料主体到磷光掺杂剂的能量传递过程是通过 Förster

能量传递发生的，也就是单重态-单重态能量传递，而常规主体到磷光掺杂剂的能量传递过程则主要通过 Dexter 能量传递进行，也就是三重态-三重态能量传递。

因为 TADF 主体到磷光掺杂剂主要通过单重态-单重态能量传递方式进行，是一种长程的能量传递方式，而不需要靠三重态-三重态这种短程的能量传递，所以在 TADF 主体中，可以降低掺杂剂浓度，但不会影响主客体之间的能量传递效率。而且三重态激子还会由于反向系间窜越而减少，这也抑制了三重态激子浓度过高所带来的 TTA 效应，从而可以改善器件在高电流密度下的效率衰减，同时也延长了器件的工作寿命。

作者还将基于 Pt 的发射红光的磷光材料掺入 TADF 主体中，得到了同样的结果，如图 4-22 所示。可以看到，TADF 主体对高电流密度下器件效率衰减的改善以及在不同浓度下都可以实现很好的器件寿命。这与基于传统的磷光主体 CBP 的情形很不相同。因此，这也表明了 TADF 材料作为主体敏化磷光材料实现其高效率和长寿命的发光具有普遍适用性。

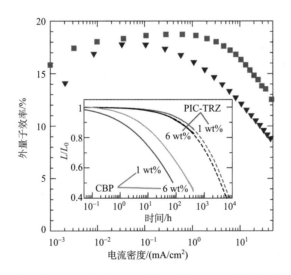

图 4-22　不同主体、掺入基于 Pt 的发射红光的磷光材料的 OLED 的外量子效率-电流密度曲线[25]

插图：不同主体、不同掺杂浓度器件的 L/L_0-工作时间关系曲线 $(L_0＝1000\ cd/m^2)$

以上种种表明，TADF 材料作为主体材料敏化磷光掺杂剂，可以实现很好的器件效率，更重要的是，可以降低掺杂浓度，这对高成本的磷光材料来说，无疑是非常具有优势的。而且 TADF 主体对磷光掺杂剂的掺杂浓度低的敏感性也使得器件在实际应用中无须精确地控制掺杂浓度，这大大增加了器件制备的可重复性。而这种 TADF 主体也可以很好地改善磷光器件在高电流密度下的效率衰减，这为解决磷光器件高电流密度下大的效率衰减问题指明了一个很好的方向。而在器件寿命方面，TADF 主体也表现出非常大的竞争力，对掺杂浓度也不敏感，同时还能极大地延长器件的工作寿命。因此，TADF 主体敏化磷光掺杂剂这一研究课题具有非常大的意义，解决了很多困扰磷光 OLED 多年的难题。

4.4　TADF 材料在 WOLED 中的应用

前面介绍的新近发展的 TADF 材料不管是作为发光掺杂剂还是作为荧光或者磷光掺杂剂的主体材料，都在 OLED 中实现了非常好的应用。而 WOLED 在 OLED 中占有重要地位，因此将 TADF 材料应用于 WOLED 也成为一个重要的研究方向，受到了广大科研工作者的青睐，如前面章节提到的白光的获得，或者红、绿和蓝的三基色混合，或者蓝和橙两种互补色的混合。再根据前面介绍的 TADF 材料作为掺杂剂或者主体方面的应用，这里大致可将 TADF 材料在 WOLED 中的应用分为两种：一种是 TADF 材料作为纯粹的发光掺杂剂，将各色发光的 TADF 材料掺入合适的主体，通过主体的能量传递实现 TADF 材料的各色发光；另一种是 TADF 材料主要用来作掺杂主体，利用 TADF 材料在主体方面的优势，加上合理的器件结构设计，最终实现高效的 WOLED。

4.4.1　TADF 材料作为发光掺杂剂的 WOLED

将 TADF 材料直接作为发光掺杂剂制成多层结构的 WOLED，Adachi 研究组率先在这方面做了一些研究工作[26]。作者将发射红、绿和蓝光的 TADF 材料分别掺入常规的主体材料制备了多层结构的 WOLED，所采用的器件结构、能级和性能如图 4-23 所示。4CzTPN-Ph、4CzPN 和 3CzTRZ 分别为发射红、绿和蓝光的 TADF 材料，多层结构的发光层为：mCP：10 wt% 4CzPN/mCP：6 wt% 4CzPN：2 wt% 4CzTPN-Ph/PPT：10 wt% 3CzTRZ；其中，共掺杂系统 mCP：6 wt% 4CzPN：2 wt% 4CzTPN-Ph 是为了保证有效的红光发射，因为这种从绿光到红光的瀑布式能量传递过程可以提高红光的发射强度。最终，作者获得了最高外量子效率为 17%、色坐标为 (0.30, 0.38) 的 WOLED。最重要的是整个白光器件是全荧光发射，没有重金属，属于荧光 WOLED。高效率的实现归因于三种高效的 TADF 发光材料，它们都表现出很好的延迟荧光特性，均能实现自身发射高的发光效率，充分表明了 TADF 发光材料达到了与磷光材料相当的水平。但是同磷光 OLED 一样，WOLED 稳定性有待改善，高电流密度下的效率衰减仍然很严重。

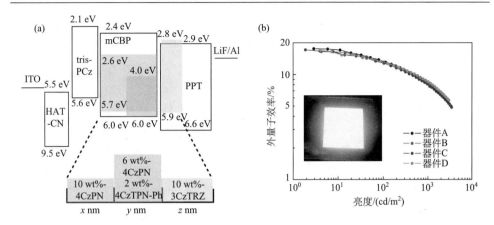

图 4-23　基于三基色 TADF 发光的 WOLED 器件结构、能级 (a) 和外量子效率-亮度曲线 (b)[26]

　　基于 TADF 发光材料的 WOLED 虽然实现了比较高的外量子效率，但发光层采用的是多发光层结构，器件结构相对复杂。随后，Liu 等利用前一章介绍的具有 TADF 特性的激基复合物作为主体，将发射蓝光和橙光的 TADF 材料共掺其中，制备了单发光层结构的 WOLED[27]。作者首先将发射橙、绿和蓝光的 TADF 材料 AnbCz、4CzIPN 和 2CzPN 分别掺入具有 TADF 特性的激基复合物主体 CDBP：PO-T2T 制备单色发光的 OLED，利用激基复合物主体的 TADF 和掺杂剂的 TADF，均实现了非常高效的单色发光 OLED。器件能级结构和能量传递示意图如图 4-24 所示。可以看到，在这样一种双 TADF 的主客掺杂体系中，激基复合物主体和掺杂剂都会发生三重态激子的反向系间窜越过程，可以充分地实现对三重态激子的利用，从而得到单色 OLED 高的器件效率。

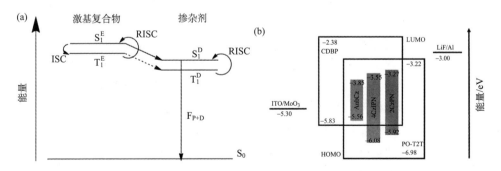

图 4-24　单色 OLED 中的能量传递示意图和器件能级结构[27]

(a) 具有 TADF 特性的激基复合物主体向 TADF 掺杂剂的能量传递示意图 (实线直箭头代表 Förster 能量传递，虚线直箭头代表 Dexter 能量传递，上角 E、D 分别表示激基复合物和掺杂剂，下角 P+D 表示快速荧光+延迟荧光)；

(b) 基于 TADF 激基复合物主体的单色 TADF 发光 OLED 的器件能级结构

进而，作者将发射蓝光的 2CzPN 和发射橙光的 AnbCz 共掺入激基复合物主体 CDBP∶PO-T2T，制成单发光层的 WOLED。单发光层结构为 CDBP∶PO-T2T∶7.5 wt% 2CzPN∶0.6 wt% AnbCz。最终，WOLED 展示出非常优秀的发光特性，启亮电压为 2.3 V，最大电流效率、功率效率和外量子效率分别达到 50.1 cd/A、63.0 lm/W 和 19.0%。除了 TADF 材料高的发光效率之外，激基复合物主体自身的双极性、无载流子注入势垒以及 TADF 特性等优势也对如此高效率的实现起到了至关重要的作用。但非常遗憾的是，WOLED 在高电流密度下的效率衰减非常严重，还有待进一步改进。作者认为严重的效率衰减是由于随着电压升高，激子浓度增加，造成了激子猝灭，从而引起了 TADF 发光材料比较差的效率稳定性。而效率衰减的改善可以从 TADF 材料入手，研究开发更加稳定的 TADF 发光材料。

4.4.2　TADF 材料作为掺杂主体的 WOLED

前面介绍的都是 TADF 材料作为掺杂剂形成的 WOLED，有多发光层结构，也有单发光层结构，但是实际制备起来，都比较复杂。单发光层结构虽然结构简单，但是采用激基复合物作为主体，加上共掺的蓝光和橙光发光材料，在实际操作时会面临四源共蒸的挑战，这无疑对器件制备的精确浓度控制和可重复性带来极大的困难。

在 TADF 材料被开发出来之前，类似的单层结构，但是制备相对容易的 WOLED 已经有了很多的报道，其发光层一般由发蓝光的荧光主体和发橙光的荧光掺杂剂或者发蓝光的荧光主体和发橙光的磷光掺杂剂构成。由于其分开的单重态激子和三重态激子传递渠道，磷光掺杂的器件可以实现 100%的内量子效率。但是这种器件由于磷光材料的存在而面临着成本和未来自然资源匮乏的问题。而且磷光掺杂的单层 WOLED 随着电压的升高，白光发射光谱会发生很大的变化。而荧光掺杂的单层 WOLED 虽然具有成本低和光谱稳定性等方面的优势，但是其最大 5%的外量子效率上限很难达到实际应用的要求。上述 TADF 材料的出现，使得单层荧光 WOLED 实现高的效率成为可能。将发射蓝光的 TADF 材料作为发射橙光的荧光或者磷光材料的掺杂主体，利用主客体间的不完全能量传递过程实现 WOLED，这种思路也得到了一些科研工作者的验证。

参照 Adachi 研究组发表在 *Nat. Commun.* 上的、主体-TADF 辅助掺杂剂-荧光掺杂剂这种双掺杂体系，利用体系的瀑布式能量传递过程，Lee 研究组实现了基于 DPEPO∶50% DMAC-DPS∶0.03% TBRb 发光层的 WOLED[28]，该白光发光层的能量传递过程如图 4-25 所示。这里，DPEPO 作为主体，而 DMAC-DPS 作为典型的发射蓝光的 TADF 材料，扮演着辅助掺杂剂的角色，TBRb 为发射橙光的荧光材料。在电激发下，激子主要形成于 TADF 辅助掺杂剂的单重态能级和三重态

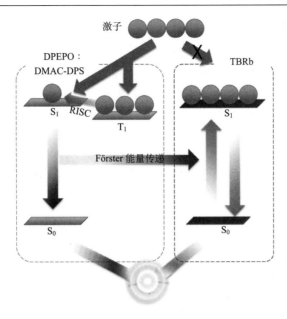

图 4-25　双掺杂体系中的能量传递过程示意图[28]

能级，三重态激子反向系间窜越转变成单重态激子，通过控制荧光掺杂剂的浓度，实现从 DMAC-DPS 到 TBRb 的不完全能量传递。处于 DMAC-DPS 单重态能级上的单重态激子一部分直接辐射跃迁形成蓝光的发射，另一部分通过 Förster 能量传递敏化荧光掺杂剂实现橙光的发射，最终实现白光的发射。WOLED 在 TADF 辅助掺杂剂为 50%，荧光掺杂剂为 0.03%时，实现了最高 15.5%的外量子效率，在 1000 cd/m² 亮度下，CIE 色坐标为(0.28, 0.35)。荧光掺杂剂如此低的掺杂浓度最小化了 TBRb 对载流子的陷获和减小了从 DMAC-DPS 到 TBRb 的 Dexter 能量传递，同时，有效的 Förster 能量传递也是实现 WOLED 高效率的原因。

　　前面介绍的研究工作是基于双掺杂系统，其实器件制备还是有些复杂，需要三源共蒸,能否在保持 WOLED 优秀发光特性的基础上进一步简化器件制备工艺，清华大学的 Duan 研究组最近发表了一篇关于这方面的研究工作[22]。作者报道一种结构更简单、制备更容易的基于 TADF 材料作主体的 WOLED，采用发射蓝光的 TADF 材料 DMAC-DPS 作为主体，发射橙光的磷光材料 PO-01 作为掺杂剂，利用最常见的主客体掺杂结构，通过控制磷光掺杂剂的掺杂浓度，实现从 DMAC-DPS 到 PO-01 的不完全能量传递，最终却获得了高效率白光的发射。最高外量子效率达到 20.8%，功率效率为 51.2 lm/W，在 500 cd/m² 亮度下的色坐标为(0.398, 0.456)。更难得的是，器件在 1000 cd/m² 的亮度下，外量子效率仍然有 19.6%，功率效率为 38.7 lm/W，具有非常小的效率衰减。

　　WOLED 所用材料和制备的器件能级结构以及能量传递示意图见图 4-26。器件采用了很简单的发光层结构，发射蓝光的 TADF 材料 DMAC-DPS 中掺入发射橙光的磷光材料 PO-01 即为发光层结构。从能量传递示意图可以看到，采用该体系形成白光的发射，要保证从该 TADF 主体到掺杂剂的能量传递是不完全的，这样才能实现主体的发光，这就要求掺杂剂的掺杂浓度很低。在电激发下，在 TADF 主体上形成 25% 的单重态激子和 75% 的三重态激子，三重态激子由于小的 ΔE_{S-T} 会通过反向系间窜越转变成单重态激子，一部分单重态激子通过长程的 Förster 能量传递敏化橙光掺杂剂发光，另一部分的单重态激子就从单重态能级辐射跃迁得到蓝光主体的发光，从而混合形成白光。

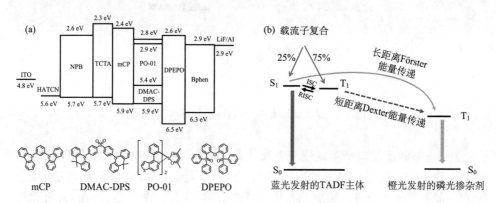

图 4-26　(a) WOLED 的器件能级结构和所用有机材料的分子结构；(b) 从发射蓝光的 TADF 主体到发射橙光的磷光掺杂剂的能量传递示意图[22]

　　其实，这种器件结构和早就报道过的传统的蓝光荧光主体敏化橙光磷光掺杂剂实现 WOLED 是一样的，唯一不同之处就是蓝光主体的不同。一种为非 TADF 发射的蓝光荧光主体，另一种为 TADF 的蓝光荧光主体。那么既然结构相同，其他地方有什么不同呢？前面已经有过介绍，就是二者的能量传递方式不同，传统蓝光荧光主体是通过短程的三重态-三重态能量传递，而 TADF 蓝光主体则是通过长程的单重态-单重态能量传递。能量传递方式的不同反映在器件性能上就表现出不同的效率衰减特性，因为长程的 Förster 能量传递方式能有效缩短三重态激子的寿命，从而可以减小器件的效率衰减。而在这里的 WOLED 中，同样表现出了低的效率下降特性，如图 4-27(d) 所示。另外，在磷光掺杂剂不同的掺杂浓度下，WOLED 都表现出相对稳定的白光发射光谱，随着电压的升高，光谱变化都较小，图 4-27 给出了不同掺杂浓度下的 WOLED 发射光谱。

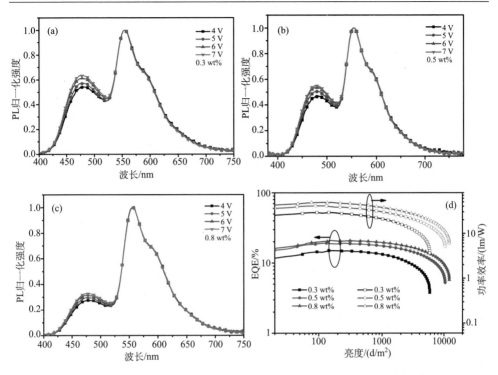

图 4-27　磷光掺杂剂不同掺杂浓度下的 WOLED 发射光谱(a～c)和外量子效率-亮度、功率效率-亮度曲线(d)[22]

(a) 0.3 wt%浓度；(b) 0.5 wt%浓度；(c) 0.8 wt%浓度

　　如此高效率、高稳定的光谱和低的效率衰减归因于 TADF 主体的应用。当 TADF 材料作为主体时，三重态激子的反向系间窜越以及主体到掺杂剂的 Förster 能量传递可以有效降低三重态激子浓度，减小浓度猝灭，从而改善器件在高电流密度下的效率衰减；另外，TADF 主体宽的载流子复合区域以及双极电荷传输能力也对 WOLED 高性能的实现起到重要作用。

　　磷光材料存在其自身的弊端，前面已经有过介绍，科研工作者也尝试舍弃磷光材料，利用 TADF 主体制备出全荧光发射的高效率 WOLED。Ma 研究组对 TADF 主体在全荧光 WOLED 中的应用做了一些研究[29]。作者通过器件结构设计，实现了对单重态激子和三重态激子有效的收集，从而得到了高效率的全荧光 WOLED。发光层的设计为两个分开的、掺杂浓度极低的红/绿发光层，两个发光层中间夹着一层浓度相对较高的红/绿共掺的单发光层，如图 4-28 所示。这样的发光层设计可以收集电激发产生的所有激子，可以最大限度地减小能量损失，最终实现了 18.2%的最高外量子效率和 44.6 lm/W 的最大功率效率。作为光源来讲，在实际应用的 1000 cd/m^2 的亮度下，外量子效率仍然有 16.2%，CIE 色坐标为(0.318, 0.390)。

同时 WOLED 展现了非常稳定的白光光谱以及高的显色指数，达到了 82。器件优秀性能的实现主要还是归因于如图 4-28 所示的三重态激子反向系间窜越以及Förster 能量传递。作者通过对主客体发光峰的瞬态光致发光衰减特性的分析，由荧光掺杂剂快速荧光和延迟荧光的出现证实了体系中的 Förster 能量传递过程。

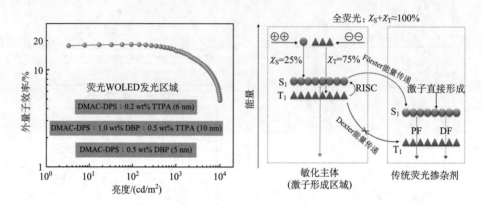

图 4-28　WOLED 的发光层结构、外量子效率-亮度曲线和能量传递过程示意图[29]

4.5　本章小结

　　本章讨论了 TADF 材料的分子内电荷转移过程以及这种材料作为发光体和主体在 OLED 中的一些应用，也进行了一些在器件结构设计方面研究。尽管与本书的分子间电荷转移似乎有些不同，但是与分子间电荷转移的激基复合物研究有诸多相似之处，只是分子间电荷转移的给体和受体分属于两个分子，而本章给体和受体单元却在一个分子之上。实际上，基于分子内电荷转移材料的 OLED 性能更依赖于分子结构设计，而基于给体、受体分子间的电荷转移的 OLED 器件性能与器件给体、受体材料选择有着紧密的关系。特别提到，将 TADF 材料应用于主体，在很大程度上解决了高电流密度或者高亮度下的器件效率衰减问题。TADF 材料除了能够高效率地发光之外，还具有载流子传输双极特性，这使其可作为磷光和荧光的完全和不完全能量传递主体，获得高效 WOLED 器件。TADF 材料及其OLED 器件的主要性能已经或者正在达到产业化程度。这样看来，把本章的分子内电荷转移和第 2 章分子间电荷转移材料和器件结合在一起，相信在不久的将来，OLED 产业也会在我国开花结果。

参 考 文 献

[1] Baldo M A, O'Brien D F, You Y, et al. Highly efficient phosphorescent emission from organic

electroluminescent devices. Nature, 1998, 395(6698): 151-154.

[2] Tao Y, Yuan K, Chen T, et al. Thermally activated delayed fluorescence materials towards the breakthrough of organoelectronics. Adv Mater, 2014, 26: 7931-7958.

[3] Chiang C J, Kimyonok A, Etherington M K, et al. Ultrahigh efficiency fluorescent single and bi-layer organic light emitting diodes: The key role of triplet fusion. Adv Funct Mater, 2013, 23(6): 739-746.

[4] Yao L, Yang B, Ma Y G. Progress in next-generation organic electroluminescent materials: Material design beyond exciton statistics. Sci China Chem, 2014, 57: 335.

[5] Klessinger M. Conical intersections and the mechanism of singlet photoreactions. Angew Chem Int Edit, 1995, 34(5): 549-551.

[6] Saragi T, Spehr A, Fuhrmann-Lieker T, et al. Spiro compounds for organic optoelectronics. Chem Rev, 2007, 107(4): 1011-1065.

[7] Dias F B, Bourdakos K N, Jankus V, et al. Triplet harvesting with 100% efficiency by way of thermally activated delayed fluorescence in charge transfer OLED emitters. Adv Mater, 2013, 25(27): 3707-3714.

[8] Zhang Q S, Li J, Shizu K, et al. Design of efficient thermally activated delayed fluorescence materials for pure blue organic light emitting diodes. J Am Chem Soc, 2012, 134(36): 14706-14709.

[9] Uoyama H, Goushi K, Shizu K, et al. Highly efficient organic light-emitting diodes from delayed fluorescence. Nature, 2012, 492: 234-238.

[10] Sato K, Shizu K, Yoshimura K, et al. Organic luminescent molecule with energetically equivalent singlet and triplet excited states for organic light-emitting diodes. Phys Rev Lett, 2013, 110: 247401.

[11] Parker C A, Hatchard C G. Triplet-singlet emission in fluid solutions. Trans Faraday Soc, 1961, 57: 1894.

[12] Im Y, Lee J Y. Above 20% External quantum efficiency in thermally activated delayed fluorescence device using furodipyridine-type host materials. Chem Mater, 2014, 26(3): 1413-1419.

[13] Sun J W, Lee J H, Moon C K, et al. A fluorescent organic light-emitting diode with 30% external quantum efficiency. Adv Mater, 2014, 26(32): 5684-5688.

[14] Nakanotani H, Masui K, Nishide J, et al. Promising operational stability of high-efficiency organic light-emitting diodes based on thermally activated delayed fluorescence. Sci Rep, 2013, 3: 2127.

[15] Zhang Q S, Tsang D, Kuwabara H, et al. Nearly 100% internal quantum efficiency in undoped electroluminescent devices employing pure organic emitters. Adv Mater, 2015, 27: 2096-2100.

[16] Endo A, Ogasawara M, Takaahashi A, et al. Thermally activated delayed fluorescence from Sn^{4+}-porphyrin complexes and their application to organic light-emitting diodes—A novel mechanism for electroluminescence. Adv Mater, 2009, 21: 4802-4806.

[17] Deaton J C, Switalski S C, Kondakov D Y, et al. E-type delayed fluorescence of a phosphine-supported $Cu_2(\mu\text{-}NAr_2)_2$ diamond core: Harvesting singlet and triplet excitons in

OLEDs. J Am Chem Soc, 2010, 132: 9499-9508.

[18] Endo A, Sato K, Yoshimura K, et al. Efficient up-conversion of triplet excitons into a singlet state and its application for organic light emitting diodes. Appl Phys Lett, 2011, 98(8): 083302.

[19] Rettig W, Chandross E A. Dual fluorescence of 4,4′-dimethylamino- and 4,4′-diaminophenyl sulfone consequences of d-orbital participation in the intramolecular charge separation process. J Am Chem Soc, 1985, 107: 5617-5624.

[20] Grabowski Z R, Rotkiewicz K, Rettig W. Structural changes accompanying intramolecular electron transfer: Focus on twisted intramolecular charge-transfer states and structures. Chem Rev, 2003, 103: 3899-4031.

[21] Zhang Q S, Li B, Huang S P, et al. Efficient blue organic light-emitting diodes employing thermally activated delayed fluorescence. Nat Photonics, 2014, 8: 326-332.

[22] Zhang D D, Cai M H, Zhang Y G, et al. Highly Efficient simplified single-emitting-layer hybrid WOLEDs with low roll-off and good color stability through enhanced Förster energy transfer. ACS Appl Mater Interfaces, 2015, 7: 28693-28700.

[23] Nakanotani H, Higuchi T, Furukawa T, et al. High-efficiency organic light-emitting diodes with fluorescent emitters. Nat Commun, 2014, 5: 4016.

[24] Zhang D D, Duan L, Li C, et al. High-efficiency fluorescent organic light-emitting devices using sensitizing hosts with a small singlet-triplet exchange energy. Adv Mater, 2014, 26: 5050-5055.

[25] Fukagawa H, Shimizu T, Kamada T, et al. Highly efficient and stable organic light-emitting diodes with a greatly reduced amount of phosphorescent emitter. Sci Rep, 2015, 5: 9855.

[26] Nishide J, Nakanotani H, Hiraga Y, et al. High-efficiency white organic light-emitting diodes using thermally activated delayed fluorescence. Appl Phys Lett, 2014, 104: 233304.

[27] Liu W, Zheng C J, Wang K, et al. High performance all fluorescence white organic light emitting devices with a highly simplified structure based on thermally activated delayed fluorescence dopants and host. ACS Appl Mater Interfaces, 2016, 8(48): 32984-32991.

[28] Song W, Lee I H, Hwang S H, et al. High efficiency fluorescent white organic light-emitting diodes having a yellow fluorescent emitter sensitized by a blue thermally activated delayed fluorescent emitter. Org Electron, 2015, 23: 138-143.

[29] Wu Z B, Wang Q, Yu L, et al. Managing excitons and charges for high-performance fluorescent white organic light-emitting diodes. ACS Appl Mater Interfaces, 2016, 8(42): 28780-28788.

第5章 基于电荷转移激发态的有机太阳电池器件设计原理

5.1 引　　言

有机光伏太阳电池(organic photovoltaic solar cell)，习称有机太阳(能)电池，常以 OPV 表示，是将光能直接转变为电能的一类光电子器件。与无机太阳电池相比，OPV 因其诸多优点，引起了科研与产业领域的兴趣和重视，具体说来，有机太阳电池的优点包括以下方面：

(1) 原材料选择种类多。制备有机太阳电池可以选择的有机材料的种类数目繁多，包括多种有机小分子、聚合物和金属配合物等。而且还可以在分子水平上对有机材料进行结构改进，实现具备特定功能的有机材料。

(2) 有机材料的光吸收能力强。吸收系数通常可以比无机材料高一个量级以上，因此 OPV 可以做得很薄，减少了对材料的消耗。

(3) 有机器件的制备工艺简单。OPV 易于通过旋涂、热蒸发、丝网印刷和喷墨打印等方法实现大面积的生产。

(4) 容易制作成柔性器件。

由于 OPV 呈现的上述诸多优点，它的出现为人类清洁、安全、廉价地利用环境友好的太阳能带来了希望。自邓青云博士[1]首次将有机异质结的概念引入OPV中以来，经过30年的发展，OPV 的功率转换效率(power conversion efficiency, PCE)已经突破了10%[2]。与无机太阳电池所不同的是，OPV 工作机理有许多自身的特点。特别是，在 OPV 中形成的光生电子-空穴对具有较大的结合能，形成耦合的电子-空穴对，即激子，激子只有在异质结分子间界面和适宜的内建电场时才能发生有效的分解。根据电子与空穴距离的远近和相互作用的强弱程度可以将激子划分为 Frankel 激子、Wannier 激子和 CT 激子。其中，Frankel 激子的电荷和空穴束缚在一个分子上，具备很强的相互作用，并且它们作为一个整体在有机分子层中移动。通常在有机光敏层中受光激发产生的光生激子均属于 Frankel 激子。当电子和空穴距离是分子间距的1~10 个量级时产生 Wannier 激子，这种激子束缚能很小，容易导致激子分离，所以很不稳定。CT 激子的电子-空穴束缚能介于上述两种情况之间，其半径为分子大小的1~2 倍或几倍。在 OPV 器件中，

CT 激子产生于电子给受体材料的异质结界面，也称界面偶极子。理论上有机太阳电池体系内的 CT 态的束缚能一般为 100～300 meV，高于室温下的热激发能一个量级左右，所以 CT 态要成功完成电荷分离就需要足够的外加电场强度。当外加电场强度不足时，处于给体-受体界面两端的受束缚的电子和空穴最终会克服界面能量差直接相遇而复合，即会发生 CT 态的直接复合。当给体材料或受体材料的最低三线态激发态能级低于 CT 态能级时，则有可能发生从 CT 态到三重能级的能量转移。CT 激子作为光生激子分离成自由电子和空穴时必经的一个中间状态，即自由载流子产生的前驱体，它对光伏器件的性能有着至关重要的影响。

　　在有机电子学器件中，不同活性有机层之间或混合层之内都可形成异质结（heterojunction, HJ），前者和后者分别被称为平面异质结（panel HJ, PHJ）和体异质结（bulk HJ, BHJ）。例如，在 OLED 器件中，HJ 是用来把电荷载流子或激子限制在特殊发射层内的，发射位置除了激基复合物外，一般都位于 HJ 即界面附近的区域。在 OPV 器件中，当 OPV 允许光诱导的 CT 过程时，这个过程应发生在 HJ 上，也就是说无论 PHJ 还是 BHJ，它们都是 OPV 工作的基础，也是光电能量转换的关键所在，那是因为由于内建电场的限制，OPV 器件中若无给受体（D/A）界面，OPV 中的激子分解是无效的。CT 态是界面的电子相互作用的结果，它产生在有机半导体的 HJ 即有机活性界面处。CT 态可以认为是来源于紧密接触的 D、A 分子波函数交叠产生的杂化态。这种交叠包括了 D/A 分子的 HOMO 和 LUMO 杂化而成的基态和激发态，这种激发态一般称为 CT 激子。CT 激子是处于在 D/A 材料界面的弱相互作用力束缚的电子-空穴对，是在 DA 成分被光激发之后通过光诱导的电子转移形成的。提供的 CT 激子能量低于光学带隙能量（$E_{CT}<E_g$）[这里 E_g 就是给体和受体的带隙能量：$E_g(D)$ 和 $E_g(A)$ 的能量差]，以便保证是电子转移而不是能量转移。由于 CT 激子是光生自由载流子的前驱体，所以在 OPV 工作中是极为重要的，OPV 被光激发后形成 CT 的量子效率及紧随其后的激子分解确定了短路电流（I_{SC}）。对于 V_{OC}，CT 态能量应该位于最大能量。本章将着重讨论在 HJ 界面（即给受体层间和分子间界面处）发生的电荷转移的微观过程，以及这个过程如何影响 OPV 的性能问题。

5.2　OPV 器件基本工作原理

5.2.1　有机太阳电池的基本结构

　　典型的有机太阳电池的结构如图 5-1 所示。电池的底部为 ITO（氧化铟锡）导电玻璃，顶部为热沉积的低功函数金属，通常为 Al 和 Ag 等。底部 ITO 和顶部低功函数的金属分别作为有机太阳电池的阳极和阴极，起到收集空穴和电子的作用。夹在阳极和阴极之间的为器件的有机光吸收活性层、激子阻挡层和必要的电极缓冲层等。其中，给体和受体活性层是电池吸收光进而在 D/A 界面产生光电流的区域。缓冲层则是为了实现对活性层中产生的光电流更好地收集。

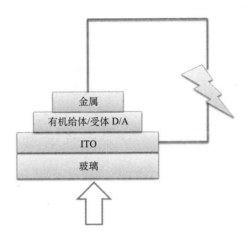

图 5-1　有机太阳电池的一般结构。ITO 在器件中作阳极；金属在器件中作阴极

5.2.2　有机太阳电池的性能参数

在讨论有机太阳电池的光伏机理之前，首先介绍太阳电池的主要光伏性能参数。一般情况下，太阳电池采用电流密度-电压(J-V)特性曲线来描述其基本特性。完整的 J-V 特性包括无光照条件下和外界光照条件下测试出的 J-V 曲线。如图 5-2 所示，主要性能参数的表征包括开路电压、短路电流密度、填充因子和功率转换功率几个部分。

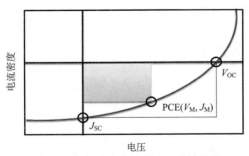

图 5-2　有机太阳电池的 J-V 特性曲线

开路电压(V_{OC})为在外电路开路即电流为 0 状态下的电压，是电池对外电路所能产生的最大的光生电动势。对于有机太阳电池来说，电池的开路电压一般由给体的 HOMO 能级和受体的 LUMO 能级差决定，同时也会受到电极和界面偶极等因素的影响。

短路电流密度(J_{SC})为外电路短路条件下，电池对外电路所能产生的最大的光生电流密度。短路电流与外界光照强度、电池的光吸收范围与强度、光生激子的产生/解离等多种因素有关，它反映了电池在零偏压情况下的光电转换能力。

填充因子(fill factor, FF)被定义为电池对外输出的最大功率与短路电流密度和开路电压乘积的比值，也就是如图 5-2 所示的电池的 J-V 特性曲线中的两个矩形面积的比值。它反映了电池对光生电荷在偏压条件下的收集能力。一般来说，电池的填充因子大致与电池的等效串联、并联电阻有关。串联电阻越小和并联电阻越大越有利于获得较高的填充因子，它可以通过提高材料的载流子迁移率和界面修饰等方法来提高。

功率转换效率(PCE)，即电池将光能转换为电能的比例。在实际应用中，太阳电池是作为能源端为负载提供电能的，即电池是工作在短路状态和开路状态之间的。在 J-V 曲线上 0 V 和 V_{OC} 之间的任何一点(V_0, J_0)都对应了一个负载 $R_0 = V_0/J_0$，此时电池对外输出的功率为 $P_0 = V_0 J_0$。图 5-2 中的点(V_M, J_M)就是电池对外输出的最大功率点，输出的功率为 $P_{MAX} = V_M J_M$。由此可以得到太阳电池最重要的性能参数——功率转换效率：

$$\text{PCE} = \frac{P_{MAX}}{P_{in}} = \frac{V_M \times J_M}{P_{in}} = \frac{V_{OC} \times J_{SC} \times \text{FF}}{P_{in}} \tag{5-1}$$

式中，P_{in} 表示入射光的功率。可以看到，电池的功率转换效率正比于电池的开路电压、短路电流密度和填充因子，是由这三个参数共同决定的。因此，要想提高太阳电池的功率转换效率，必须同时提高这三个参数。

5.2.3　有机太阳电池的等效电路模型

除了上述表征电池性能的参数之外，为了进一步反映太阳电池作为电流源的二极管特性，通常使用等效电路模型来模拟电池的光伏特性曲线。图 5-3 是基于无机太阳电池的等效电路模型图，虽然后来为了更好地反映有机太阳电池的激子行为而提出了一些改进的模型，但是目前大多数研究人员还是习惯使用无机电池的等效模型。图中的恒定电流源是光生电流密度(photocurrent density, J_{ph})，表示在一定的入射光照下光电池能够产生的电流密度。以反向饱和电流密度(reverse saturation current density, J_S)和理想因子(ideality factor, n)为特征参数来描述光伏器件在正向和反向偏压下表现出的二极管整流特性。图中的 R_S 是太阳电池的串联电阻(series resistance)，主要是因为电池的体电阻、电极电阻、电极与有机材料的接触势垒等因素造成的。R_P(parallel resistance　或　shunt resistance)是电池的并联电阻，主要是由电池的异质结界面和电极/有机界面的状况所决定的。串联电阻代表了太阳电池内部对输出电流的损耗，因此在制备电池器件时要求串联电阻越小越好。而并联电阻代表了电池的接触界面对反向漏电流的抑制水平，并联电阻越大，表示由反向载流子复合而引起的漏电流越小，电池的输出损失也越小。提高并联电阻的一种方法是对电极/有机界面进行修饰，通过引入特定功函数的缓冲层可以有效地增加并联电阻，减小漏电流。

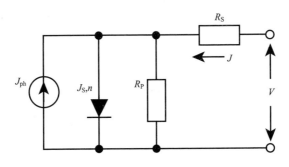

图 5-3　电池的等效电路模型

5.2.4　有机太阳电池工作的微观机制

为了阐述 CT 态在有机太阳电池中的作用，首先介绍有机太阳电池的基本工作原理。图 5-4 给出了双层平面异质结有机太阳电池从光吸收到载流子的整个微观物理过程。给受体混合体异质结有机太阳电池的光生电流的微观物理过程与之类似。从图 5-4 显示的光电转化的过程中可以看到，有机太阳电池光生电流的产生涉及 4 个基本过程。CT 态的形成主要发生在激子解离的过程。（Ⅰ）电池的给体或受体材料受到光照吸收光子，在光子的激发下，有机分子从基态变为激发态，即在分子中形成激子。该激子由束缚的电子和空穴组成，其束缚能大约在 0.3 eV。（Ⅱ）激子在给体/受体中产生后，在浓度梯度的作用下向异质结界面扩散。（Ⅲ）在到达 D/A 界面后，由于给体和受体的能级差(energy offset)，激子通过电荷转移过程首先形成电荷转移态激子(charge transfer exciton, CTE)或极化子对(polaron pair)。CTE 的束缚能为 0.2～0.25 eV。在内建电场的作用下容易分离形成自由的电子或空穴，此过程也可以称为 CTE 分离。（Ⅳ）在界面处分离形成的自由载流子在有机材料中跳跃传输，并最终被各自电极收集，为外电路提供光生电压和光生电流。以上四个步骤就是有机太阳电池的光伏过程，依次对应于四个工作效率：光吸收效率 η_A、激子扩散效率 η_{ED}、激子解离效率 η_{CT} 以及载流子收集效率 η_{CC}。光伏器件的外量子效率为四者的乘积，太阳电池的外量子效率也为以上四者的乘积，可以表达为

$$EQE = \eta_A\eta_{IQE}=\eta_A\,\eta_{ED}\eta_{CT}\eta_{CC} \tag{5-2}$$

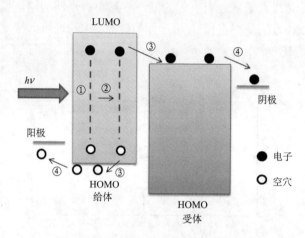

图 5-4　光生载流子在器件中的产生过程

1. 激子形成过程

与无机半导体材料不同，有机半导体材料由分子组成，虽然分子内原子间是以非常强的共价键结合，但分子间的相互作用却主要是比较弱的范德瓦耳斯力。因而，有机材料的半导体性质与分子中存在的共轭结构有关，而且电子在分子中是离域的。原子中 p_z 轨道的相互作用使分子轨道形成了成键轨道和反键轨道。成键轨道具有较低的能量，其中最高填充轨道(即 HOMO)类似于无机材料中的价带；而反键轨道能量较高，相应的最低未填充轨道(即 LUMO)类似于导带。分子处于基态时，最高能量的电子填充在 HOMO。当基态分子受激时，HOMO 中的电子可能跃迁到 LUMO 或者更高能量的分子轨道，从而形成激子。光入射到给受体上时被有机活性材料吸收。光吸收效率 η_A 主要取决于有机材料的光吸收系数。光吸收系数相对高的有机材料，通常只需约 100 nm 的活性层厚度。有机材料吸收光子后将电子由 π-HOMO 能级激发到 π^*-LUMO 能级时形成光生激子。一般认为激子产生率接近于 1。由于有机材料小的介电常数造成激子的结合能较大，光吸收产生的是强束缚的电子-空穴对。

　　光吸收效率主要是由以下几个因素决定的：

(1)有机半导体材料的吸收光谱。图 5-5 为模拟太阳光发射的 AM1.5G 光谱和聚合物电池中经典结构 P3HT：PCBM 的吸收光谱。从图中可以看出,P3HT：PCBM 的吸收只覆盖全太阳光谱的四分之一,这也是大多数有机太阳电池的吸收范围。因为有机材料的光学吸收带隙很宽,大多数有机材料的带隙都在 2 eV 以上,这些材料只能吸收可见-近红外大气窗口的 30%的光子。而无机材料的光学带隙一般为 1.1 eV,可以吸收约 77%的光子,所以无机太阳电池的短路电流都比较大。因此,目前化学家合成给体材料的一个主要方向就是合成带隙在 1.2～1.7 eV 的窄带宽材料,目前很多窄带宽给体的吸收都可以延伸到红光甚至近红外区域,使得有机电池的短路电流大大增加。

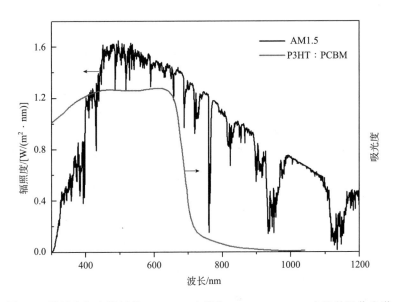

图 5-5　模拟太阳光发射的 AM1.5G 光谱和 P3HT：PCBM 电池的吸收光谱

(2)有机材料的吸收系数。在努力扩宽吸收范围的同时, 另一个材料合成的方向就是提高材料的吸收系数。高吸收能力的材料能够在吸收层较薄的情况下实现较高的短路电流, 克服激子扩散长度小的劣势, 如芳酸类材料。

(3)光活性层的厚度。目前有机太阳电池的厚度普遍比较薄,基于 P3HT 的电池一般厚度为 200 nm。而大部分基于窄带隙材料的电池厚度都不超过100 nm。实验表明,根据大多数有机材料的吸收能力,有效的吸收厚度应为 500～1000 nm。造成这种矛盾的原因是有机材料的激子扩散长度都比较短(10～40 nm)。如果有机层厚度大于激子扩散长度,距离异质结较远的激子就会在传输过程中发生衰减或复合而损失掉。虽然利用体异质结结构可以克服激子扩散长度短的缺点，但是目前所使用的电池厚度还是远远小于有效光活性层的厚度。

（4）太阳电池体内的光场分布。对于特定厚度、特定电极材料的电池，光场在器件内部的分布是不一样的。在给定的吸收光谱和吸收系数情况下，要想达到最大的短路电流，就需要调整器件内部的光场分布，使光强在光活性层 D/A 界面处分布最大。为了改善光场分布，常用的方法包括改变有机层的厚度和使用光学间隔层等。图 5-6 为利用增加 TiO$_2$ 光学间隔层的方法改善光场分布[3]。引入 TiO$_2$ 之后，器件内部的光场空间分布发生变化，使得最大峰值位于活性层中，增强了活性层的吸收，光生载流子增多。最终，由于 TiO$_2$ 层的作用，器件的短路电流、外量子效率以及功率转换效率都得到了较明显的提高，器件的功率转换效率达到了 5.0%。

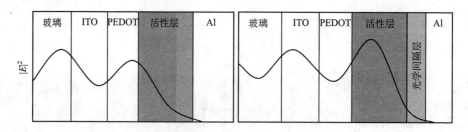

图 5-6　不同结构器件的光场分布示意图[3]

2. 激子扩散过程

由于激子会在异质结界面处发生分离或复合，因此异质结处的激子浓度最小，这就形成了激子的浓度梯度。光照产生的激子会在浓度梯度的作用下向异质结处扩散。对于双层器件来说，激子扩散长度是影响给受体厚度的决定性因素。考虑到一般有机材料的激子扩散长度都比较短，为了克服这一缺陷，人们提出了体异质结结构。对于相分离比较理想的体异质结电池，激子的扩散效率基本接近100%。激子在电子给体（受体）材料中依靠浓度梯度发生扩散。激子扩散的方式有长程的 Förster 能量传递和短程的 Dexter 能量传递。由于扩散时也可能会发生激子复合，故扩散效率 η_{ED} 小于 1。激子扩散效率 η_{ED} 与有机材料的激子寿命和激子扩散长度等因素有关。由于有机分子间的相互作用比较弱，有机材料的激子扩散长度较小，一般在几纳米到几十纳米范围，小于材料的光吸收范围。在光伏太阳电池器件的设计中，常常通过给受体混合的体异质结的方法来缩短激子的扩散距离，达到相对提高激子扩散长度的目的。

3. 激子解离过程

　　CT 激子是在电子给体(donor, D)和受体(acceptor, A)材料界面上弱的电子-空穴对，它来源于光激发 D 或 A 材料后的电子转移，CT 激子能量低于 D 和 A 材料中最低的带隙(E_g)。CT 激子是界面的电子相互作用的结果。CT 激子可以认为是来源于紧密接触的 DA 分子波函数交叠产生的杂化态。当激子扩散到异质结界面时就会由于异质结能级差的作用形成 CT 激子。CT 激子的空穴和电子可能会通过复合过程变成基态，也可能分离成自由载流子。自由载流子也可能发生双分子复合而变为 CT 激子，或者被电极收集。另外，当 CT 激子扩散到有机/金属界面处或者自由载流子运动到反向电极处时，电荷会在电极处发生复合而造成表面损失。因为这种损失在优化的器件中发生的可能性比较少，所以一般情况下忽略不计。CT 激子的分离主要受 CT 激子的束缚能和内建电场的影响。CT 激子的束缚能越小，其分离的效率就越高。与无机材料接近 100%的分离效率不同，由于有机材料的激子结合能较大，需要强电场的帮助才能实现较高的激子解离效率。激子解离效率 η_{CT} 还与给受体界面处的能级有关。当激子能量 E_{ex} 大于给体的离化能 IP_D 与受体的电子亲和势 EA_A 之差时，激子解离才能发生。强束缚的激子要有效地分解，那就要求具有小的 IP 的 D 材料和高的 EA 的 A 材料构成的界面，即 DA-HJ。这些条件可以导致在这样界面处发生电荷转移，使激子分开成为电子-空穴对，但是此时的电子-空穴对仍然被库仑力分别束缚在 D 和 A 材料上的 HOMO 和 LUMO 能级上，人们称此时的电子-空穴对为孪生电子-空穴对(geminate electron-hole pair, GEHP)，合适的 D/A 界面能带偏移会使 GEHP 分解，并在各自电极上收集自由电荷产生光电流。在 D/A 界面上内建电场为

$$F = (HOMO_D - LUMO_A - \Delta E)/qd \tag{5-3}$$

　　这里，$HOMO_D$ 是给体的 HOMO；$LUMO_A$ 是受体的 LUMO；ΔE 是阴极费米能级与受体 LUMO 能级差以及阳极费米能级与给体 HOMO 能级差的总和；q 是基本电荷；d 是器件活性层的厚度。对于多数 DA 体系来说，$HOMO_D - LUMO_A = 0.7 \sim 1.0$ eV，$\Delta E = 0.3$ eV[4]。典型活性层的厚度为 100 nm，此时得出的电场 F 小于 0.8×10^5 V/cm，如此低的电场不会使 GEHP 有效地分解，因为只有 F 高于 10^5 V/cm 时才会达到 GEHP 分解的能量[5]。对于非故意电掺杂的 D 和 A 材料来说，内建电场不但对于 GEHP 有效的分解有影响，甚至对于 GEHP 分解效率和整个功率转换效率都有明显影响。对于掺杂体系而言，如图 5-7 所示。可以看出，由于掺杂效应,受体的 LUMO 能级电负性(即 EA)和给体的 HOMO 能级离化能(即 IP)分别比未掺杂的体系高和低很多，给受体 LUMO 和 HOMO 能级明显产生偏移。这是因为电场主要集中在 D/A 界面上，以至于强的电场帮助了 GEHP 的分解。

对于如图 5-8 的情况,电压降不再被电极费米能级排列所控制(电极费米能级位于半导体带隙之内),而是受控于给受体层的费米能级位置(给受体层与掺杂浓度相关),那么内建电场在 D/A 界面上的电位降会阻止 GEHP 的分解,以至于 GEHP 会辐射衰减成激基复合物发光。比较图 5-7 和图 5-8 可以看出,激子通过 GEHP 的分解与和通过 GEHP 的衰减是个竞争过程。对于具有 GEHP 衰减的 PV 电池,仅能获得低的 PV 效率[6]。

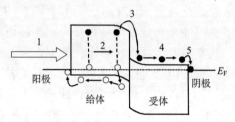

图 5-7　具有 p 型掺杂给体和 n 型掺杂受体的给受体型 PV 电池的能级图[6]

给受体层厚度均为 30 nm,掺杂浓度为 10^{18} cm^{-1}。1. 光激发;2. 激子扩散;3. 激子解离;4. 电荷输运;5. 电荷收集

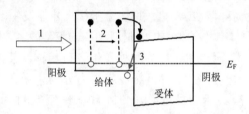

图 5-8　给体 p 型掺杂浓度为 10^{17} cm^{-1}、受体 n 型掺杂浓度为 10^{7} cm^{-1} 时给受体型 PV 电池的原理能级图[6]

1. 光激发;2. 激子扩散;3. 激子辐射跃迁发光

4. 电荷传输和收集过程

CT 激子完成分离后,作为自由载流子的电子和空穴分别经受体 LUMO 和给体 HOMO 能级传输到阴极和阳极处并被电极收集。载流子在电池内运动形成扩散电流和漂移电流。激子解离发生后,载流子通过浓度梯度或者内建电场,依靠扩散或漂移的方式向电极移动,并最终被电极收集。载流子的传输通过经典的跳跃(hopping)机制迁移。有机材料中的陷阱会造成载流子传输率的减小。对于平面异质结结构的电池来说,由于电子和空穴在空间上是分离的,一般仍认为扩散效率 η_{ED} 约等于 1。但对于混合体异质结结构电池而言,体异质结中同时存在电子和空穴,它们会再复合而造成传输效率的下降。载流子收集效率 η_{CC} 与电极/有机

材料界面处是否为欧姆接触等因素有关。在异质结处的载流子浓度最高，在内建电场作用和载流子浓度梯度作用下，电子向阴极方向扩散，空穴向阳极方向扩散，形成扩散电流(I_{diff})。同时，在施加外加电场的情况下，载流子会在电场的驱动下发生漂移，形成漂移电流(I_{drift})。如图 5-9 所示，在反偏情况下，阳极接负压，阴极接正压，形成的漂移电流是由阴极流向阳极，对电荷是抽取作用。当反向偏压增强到一定程度时，自由载流子可以全部被电极收集($\eta_{\text{CC}} \approx 100\%$)，达到最大光电流。在正偏情况下，电池的阳极接正压，阴极接负压，形成的漂移电流与扩散电流方向相反，表现为载流子的注入过程。当漂移电流和扩散电流大小相等即电池内部的电流为零时，电池处于开路状态。

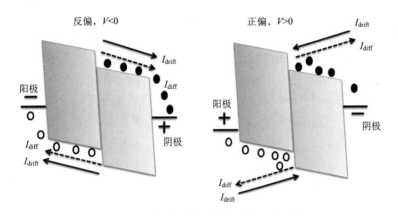

图 5-9　有机太阳电池载流子的迁移过程

5.3　CT 激子对 OPV 性能影响

当 Frankel 激子扩散到异质结界面时，它通过将给体材料的电子从 HOMO 能级转移到受体材料的 LUMO 能级，与给体材料的 HOMO 的空穴形成 CT 激子。此时的空穴和电子束缚在一起，并未分离，形成电荷转移复合物(charge transfer complex)。CT 态是亚稳态，其本质就是束缚在界面上的电子-空穴对，它可以继续完成电荷分离产生光生载流子，也有可能因电子和空穴直接在界面上复合或者转移到其他能量更低的能级上导致载流子的损失。业已证明，它对于光伏特性，如开路电压和短路电流有着重要的影响。而通过研究 CT 激子的形成和转换特性会更深入地理解有机太阳电池器件的机理，会更好地指导器件结构的设计。

5.3.1　CT 激子对短路电流的影响

CT 激子的分离受诸多因素的影响，这部分我们将从理论上阐述 CT 激子对光伏电池性能的影响。用以描述 CT 激子分离的模型包括 Onsager-Braun 理论中的MacrOPVopic 模型、经典 Marcus 理论中的 MicrOPVopic 模型和 Miller-Abrahams模型等[7,8]。其中 Onsager-Braun 模型拟合成功率较高，其近似可以表达为下面公式：

$$k_{\text{diss}} = \frac{3R}{4\pi a} \exp\left(-\frac{E_{\text{b}}}{kT}\right) + \left(1 + b + \frac{b^2}{3} + \frac{b^4}{18} + \cdots\right) \tag{5-4}$$

式中，k_{diss} 为激子的分离速率常数；R 为 CT 激子的复合概率，它与材料的平均介电常数和平均电荷迁移率相关；a 为热化半径(thermalisation radius)，即 CT 激子最初释放热量时电子空穴相隔的距离；E_{b} 为 CT 激子在没有任何外电场条件下的结合能。公式的前两项取决于异质结处的光敏材料本身性质，与外加电场没有关系。公式的最后一项描述了 CT 激子受到的外加电场的影响。其中，$b=e^3E/8\pi\varepsilon k^2T^2$，$E$ 为有效电场强度，$E=(V_0-V)/d$。这样，单个激子的分离概率可以表达为

$$\rho=k_{\text{diss}}/(k_{\text{diss}}+k_{\text{f}}) \tag{5-5}$$

式中，k_{f} 为 CT 激子中电子到基态的弛豫速率常数。从而，异质结界面附近的所有 CT 激子的解离效率可以表达为

$$\eta_{\text{CT}}(T,V) = N_{\text{F}} \int_0^\infty \rho(z,V)F(z)\text{d}z \tag{5-6}$$

这里归一化分布函数 $N_{\text{F}}=4/\pi^{1/2}a^3$，$F(z)=z^2\exp(-z^2/a^2)$ 描述了光敏层中 CT 激子的分布情况。以上分析说明了 CT 激子对器件的光生电流有两方面的作用：

（1）CT 激子的结合能会直接影响激子分解效率，即激子结合能 E_{b} 越小，或者 E_{CT} 禁带宽度越大，则 CT 激子的分解效率 $\rho(z,V)$ 越高，光生电流密度就越大。该种要求也与 V_{OC} 对 CT 激子的禁带宽度要求一致，即 CT 激子的禁带宽度 E_{CT} 越大，开路电压越高。

（2）光敏层中的电场强度越高，器件的光生电流越大。有机光伏器件中的激子解离效率 η_{CT} 会随着外加电场强度的改变发生变化。如果对器件施加反向电场，就会促进 CT 激子的解离。光伏型的光探测器通常工作在这种状态。同样，如对器件施加正向电场，则会抑制 CT 激子的解离。

5.3.2　CT 激子对开路电压的影响

给受体异质结对于电池的开路电压具有非常重要的影响。部分的报道结果显示，电池的开路电压与给体的 HOMO 与受体的 LUMO 能级差呈线性关系。如前所述，研究人员通过固定给体、选择不同 LUMO 能级的受体，或者固定受体、选择不同 HOMO 能级的给体，均发现了类似的规律。

Rau[8]建立了光伏器件中近红外电致发光外量子效率(electroluminescence external quantum efficiency, EQE_{EL})与近红外光伏外量子效率(photovoltaic external quantum efficiency, EQE_{PV})的关系，为

$$J_0 EQE_{EL}(E) = q EQE_{PV}(E)\varphi_{BB}(E) \tag{5-7}$$

式中，$\varphi_{BB}(E)$ 是温度为 300 K 时的黑体辐射光谱。在暗条件下，低注入电流密度可以用二极管公式来表示，对式(5-7)进行积分就可以得到反向饱和电流密度的表达式：

$$J_0 = \frac{q}{EQE_{EL}(E)} \int EQE_{PV}(E)\varphi_{BB}(E)\mathrm{d}E \tag{5-8}$$

由二极管公式可以得到电池的开路电压：

$$V_{OC} = \frac{kT}{q}\ln\left(\frac{J_{SC}}{J_0}+1\right) \tag{5-9}$$

通过对比式(5-8)和式(5-9)可以得出，降低器件反向饱和电流密度可以提高电池开路电压，这有两条途径：一是增大 CT 激子的禁带宽度，可以使 $EQE_{PV}(E)$ 光谱蓝移，减少与黑体辐射光谱的交叠，降低公式中 J_0；二是在器件设计中，增大给体材料 HOMO 与受体材料 LUMO 的能级差。另一种提高电池开路电压的方法是提高 CT 激子的电致发光效率 EQE_{EL}，因为电致发光效率的提高可以降低 CT 激子的复合概率。

开路电压是在产生自由电荷后零电流流过器件时的电压，按照以前建立的 HJ 特性与开路电压的关系，对于很多混合结构 PV 电池，给受体能量偏移低到 0.3～0.5V 时，给体 HOMO 与受体 LUMO 能量差才与开路电压呈线性关系。但是，Rau 认为理论上最大开路电压与电荷转移态(极化子对)能量有关。总之，在 HJ 上 HOMO-LUMO 能量差可以确定与 HOMO-LUMO 带隙相关的开路电压。 大家还是认为开路电压与 HOMO-LUMO 带隙线性相关[9]，与之不同的是，注入势垒还会影响开路电压，可能有时内建电场也会限制这个影响，金属-有机界面的欧姆接触和非欧姆接触情况下的最大开路电压明显不同，后者开路电压要小一些。如果

金属-有机界面是欧姆接触,最大开路电压实际上就是阳极与阴极功数之差。这是因为金属功函数就与给体的 HOMO 能级相同,由于欧姆接触,势垒为零,从而导致了高的最大开路电压,否则,金属功函数就与给体的 HOMO 能级存在势垒,最大开路电压就会变低。

CT 态特性决定 OPV 的开路电压和短路电流,具体来说有以下几点。

1. CT 能量可以决定最大开路电压

通过材料合适的结合,CT 态能量稍低于或尽可能接近给体单重态激子能量,同时可能避免在各个过程中的损失,如三重态激子的衰减等。提高开路电压的另一个办法是减少非辐射复合,如减少给受体的耦合长度、减少复合时间可能会带来一些缺点等。最后,还可以通过改善电极的欧姆接触,提高电池的开路电压。

2. CT 复合物分解产率会与光电流的产生直接相关

一般外界过剩的能量定会显著提高 CT 复合物分解产率。 另外,相分离、局域分子构象和给体类型,如 HOMO 和 LUMO 局域在单体不同部分上的共聚物,都会影响 CT 复合物分解效率。而由于同时优化开路电压和短路电流是矛盾的,所以就要仔细、巧妙地进行材料结构设计和给受体界面设计。

5.4 基于电荷转移激发态的 PV 器件设计相关文献

5.4.1 聚合物 PV 器件设计

一般认为,给受体之间 HOMO 能级或者 LUMO 能级之间具有大的能级差,会有利于激子的解离。Dimitrov 等[10]研究了不同聚合物为给体、富勒烯为受体的混合异质结体系的电荷分离机制。作者发现电荷分离强烈地依赖于刚刚形成的电荷转移态在克服库仑吸引力之后所剩下的能量。如图 5-10 所示,研究人员发现,光生电荷的分离与入射光的波长以及入射光的光子能量密切相关。当入射光子的能量提高 0.2 eV 时,电荷分离的产率提高了一个量级,这说明,为了实现电荷解离,热 CT 激子需要拥有足够的能量来克服库仑吸引力。

Shoaee 等[11]研究了 P3HT 作为给体、一系列 PDI 作为受体的混合膜的瞬态光学特性。通过固定给体改变受体,作者发现电荷分离效率与 PDI 电子受体的电子亲和势,或者电子受体的 LUMO 能级之间存在密切的关系,而电荷转移的驱动力 $\Delta G_{CS}^{eff} = E_S - (IP_D - EA_A)$ 对混合异质结中的电荷分离效率起着决定性的作用(这里 E_S 约等于给体或者受体的单重态激子能量)。图 5-11 为六种不同给受体体系的瞬态吸收光生电荷产率与电荷转移的驱动力 ΔG_{CS}^{eff} 之间的函数关系图。从图中可以看到，对于各个单独的体系来说，电荷产率与 ΔG_{CS}^{eff} 密切相关。同时可以看到，不同体系之间的电荷产率存在较大的差异，这说明仍然有很多 ΔG_{CS}^{eff} 以外的因素影响电荷的分离，如薄膜的形貌、聚合物给体的电荷转换特性和受体材料的电子迁移率等。

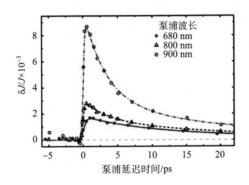

图 5-10　BTT-DPP/PCBM 器件不同波长条件下的输出/输入电流比[10]

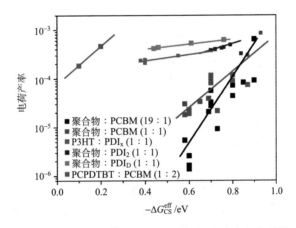

图 5-11　六种不同给受体体系的瞬态吸收电荷产率与电荷转移的
驱动力 ΔG_{CS}^{eff} 之间的函数关系图[11]

大部分报道显示，激子的分解效率随着能级差的提高而获得巨大提高，虽然要求一定的能级差克服激子结合能是必需的，但是一个非常小的能级差也可以保证高的分解效率。例如，Gong 等[12]发现在 P3HT：D99′BF 混合体异质结体系中，只需小到 -0.12 eV 的能级差 $[E_{LUMO}(\text{P3HT}) - E_{LUMO}(\text{D99′BF})]$ 就可以发生有效的电荷转移。从图 5-12 所示的器件的能级结构可以看到，P3HT 和 D99′BF 的 LUMO

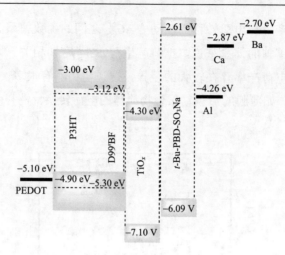

图 5-12　Gong 等报道的以 P3HT：D99′BF 为给受体材料器件能级结构示意表示[12]

能级差只有 0.12 eV。作者证明了尽管能级差只有 0.12 eV，但是 P3HT 电子到 D99′BF 的快速转移与电荷的有效分离仍然可以发生。作者认为这种高效的电荷分离发生的原因是 P3HT 中激子的结合能较小，小于 0.12 eV，器件在获得高的光电流的同时，还能产生高达 1.2 V 的开路电压，接近了理论最大值。van Eersel 等[13]发现，电池中的能量损失与激子分解过程密切相关，可以通过合理的器件结构设计，达到在降低能量损失的同时，提高激子分解效率的目的。Xu 等[14] 认为，电荷转移态是体异质结器件中非孪生电子-空穴对复合损失的主要路径，它既是形成自由载流子的中间状态，也是复合过程的中间状态。

　　一般来说，CT 态的电荷分离效率与电场强度相关，这也是有些有机太阳电池体系光电流产生与电场相关的原因。但是，近些年很多高效率的有机太阳电池材料体系的光电流与电场基本没有相关性，而且有的材料体系的内量子效率接近 100%，说明至少在这些材料体系中 CT 激子复合过程对器件性能基本没有显著影响。为了解释为什么孪生电子-空穴对复合过程在不同材料体系表现不一致的问题，有的学者提出了热 CT 态的概念，即 CT 态不是单一的亚稳态能级，而是一系列的能级，处于越高能级的 CT 态的电子和空穴的离域程度越高，越容易实现电荷分离而越难复合，但同时寿命也越短，这些 CT 态是热 CT 态。刚在界面上形成的 CT 态是热 CT 态，在弛豫时间内如果没有完成电荷分离，这些热 CT 态会逐渐回到最低能级的 CT 态（CT 基态），从而大大提高 CT 态复合的概率。热 CT 态模型的能级分布图如图 5-13 所示。Bakulin 等[15]证实了这一机理的存在。他们通过自行设计的电光泵浦-探测实验（electro-optical pump-probe experiment）系统研究了热 CT 态的动力学过程。这一实验在泵浦激光脉冲激发 CT 态之后，经过一段时间冷却到 CT 基态，然后通过引入一束额外的低能量红外激光脉冲作为推动脉冲(push pulse)将 CT 基态重新激发到热 CT 态，实验上观察到这一推动脉冲提高了许多材料体系的电荷分离效率，从而证明热 CT 态的存在。通过调整泵浦脉冲和推动脉冲的时间间隔，Bakulin 等测得热 CT 态的寿命为皮秒量级。

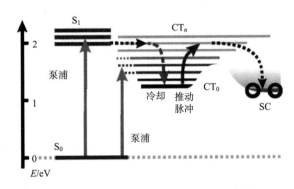

图 5-13　热 CT 态模型的能级分布图[15]

5.4.2　小分子光伏电池设计

与聚合物电池不同的是，小分子电池常常通过热蒸发的方法制备。将给受体材料分别依次沉积即可得到简单的平面异质结电池。虽然平面异质结电池的效率均不是太高，却可以为研究电池的微观动力学过程提供一个简单的模型。小分子光伏电池中也发现一些关于电荷转移态的有意义的结果。

Jin 等[16]将一系列具备不同 HOMO 能级的给体材料如 NPB、CBP、m-MTDATA、CuPc 和 TCTA 以 5%浓度掺入 C_{60} 受体基质中，发现给体的 HOMO 能级对器件性能影响很大。图 5-14 中给出了电池的短路电流密度 J_{SC}、功率转换效率 PCE 与给受体能级差之间的函数关系。作者发现最佳的光伏性能在给受体的 HOMO 能级差为 0.8 eV 左右时获得。作者认为一方面大的能量差有利于激子的解离，但是过大的能量差反而会导致 CT 复合的加剧，所以存在着最优化的能级差。

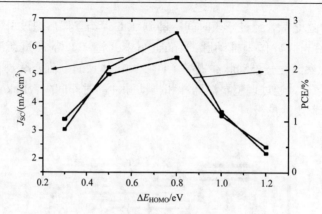

图 5-14　Jin 等报道的短路电流密度 J_{SC}、功率转换
效率 PCE 与 ΔE_{HOMO} 函数变化关系[16]

Lee 等[17]发现，CT 态的吸收造成的能量损失是引起 CT 态影响器件开路电压的因素。通过使用体异质结结构取代平面异质结结构有效地提高了电致发光效率、减少了非辐射损失，最终使器件的开路电压得到提高。Ran 等[7]通过溶液法制备的小分子光伏电池获得了类似的结论。作者发现，性能良好的光伏电池可以观察到单重态激子的发射，并且这种单重态激子的发射对器件的光伏性能是有利的。图 5-15 给出了作者所用的异质结薄膜随着退火温度变化的电致发光谱，发现合适的退火温度会改善电荷的传输，促进 CT 态的解离。

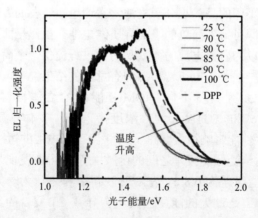

图 5-15　体异质结薄膜随退火温度变化的电致发光谱[7]

Mo 等[18]利用电荷转移复合物的吸收制作了一种近红外响应的光伏器件。图 5-16 给出了他们的器件结构和器件光电流与暗电流曲线。利用 m-MTDATA：$F_{16}CuPc$ 电荷转移复合物的吸收，作者获得了一个峰值在 1200 nm 左右、长波范

围超过 1300 nm 的电荷转移激基复合物的吸收，并获得了一定的光电响应，他们的结果为实现更长波长范围的红外响应提供了新的思路。

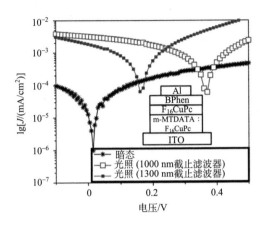

图 5-16　Mo 等报道的基于电荷转移激基复合物的光伏器件结构和电流密度–电压关系曲线[18]

5.4.3　界面修饰层的作用

电极界面修饰层可以降低电极与活性层之间的接触势垒，使之形成欧姆接触。有机太阳电池的电极与活性层之间的接触势垒(contact barrier)直接影响着电极处载流子的收集效率。这一势垒即使只有几毫电子伏特，也能引起电极处大量的载流子聚集和复合，从而引起器件短路电流与填充因子的损失，最终降低器件功率转换效率。另外，电极与活性层之间接触势垒的存在必将影响器件的内建电势，从而影响开路电压。一般认为在活性层与电极之间形成的非欧姆接触情况下有机太阳电池器件的开路电压等于两电极功函数之差，而当活性层与电极之间形成良好欧姆接触时，由于费米能级钉扎效应(Fermi pinning effect)，器件的开路电压由给体 HOMO 与受体 LUMO 的能级差决定，或由 CT 态能级来决定。导电聚合物 PEDOT：PSS 由于其较高的功函数和优异的导电性能在聚合物太阳电池中被广泛使用。在有机小分子太阳电池中，WO_3、V_2O_5、MoO_3 等透明金属氧化物的应用较为普遍。Kinoshita 等[19]使用 MoO_3 作为阳极修饰层，观察到了器件开路电压的增大。他们将 MoO_3 厚度从 0 nm 调节至 50 nm，发现基于四苯基卟吩/C_{60} 平面异质结器件的开路电压从 0.57 V 迅速增大到了 0.97 V。作者认为开路电压的提高是由于器件内建电场的增强所致。MoO_3 的引入并没有改变器件的短路电流和填充因子。最终，电池的功率转换效率由于开路电压的提高而从 1.24%增加到了 1.88%。

参 考 文 献

[1] Tang C W. Two-layer organic photovoltaic cell. Appl Phys Lett, 1986,48(2): 183-185.

[2] Chen C C , Chang W H , Yoshimura K, et al. An efficient triple-junction polymer solar cell having a power conversion efficiency exceeding 11%. Adv Mater, 2014, 26: 5670-5677.

[3] Kim J Y, Kim S H, Lee H H, et al. New architecture for high-efficiency polymer photovoltaic cells using solution-based titanium oxide as an optical spacer. Adv Mater, 2006, 18(5): 572-576.

[4] Scharber M C, Mühlbächer D, Koppe M P, et al. Design rules for donors in bulk-heterojunction solar cells-towards 10% energy-conversion efficiency. Adv Mater, 2006, 18(6): 789-794.

[5] Peumans P, Forrest S R. Separation of geminate charge-pairs at donor-acceptor interfaces in disordered solids. Chem Phys Lett, 2004, 398(1-3):27-31.

[6] Liu A, Zhao S B, Rim S B, et al. Control of electric field strength and orientation at the donor-acceptor Interface in organic solar cells. Adv Mater, 2008, 20(5): 1065-1070.

[7] Ran N A, Kuik M, Love J A, et al. Understanding the charge-transfer state and singlet exciton emission from solution-processed small-molecule organic solar cells. Adv Mater, 2014, 26: 7405-7412.

[8] Rau U. Reciprocity relation between photovoltaic quantum efficiency and electroluminescent emission of solar cells. Phys Rev B, 2007, 76(8): 85303.

[9] Gadisa A, Svensson M, Andersson M R, et al. Correlation between oxidation potential and open-circuit voltage of composite solar cells based on blends of polythiophenes/fullerene derivative. Appl Phys Lett, 2004, 84(9): 1609-1611.

[10] Dimitrov S D, Bakulin A A, Nielsen C B, et al. On the energetic dependence of charge separation in low-band-gap polymer/fullerene blends. J Am Chem Soc, 2012, 134: 18189-18192.

[11] Shoaee S, Clarke T M, Huang C, et al. Acceptor energy level control of charge photogeneration in organic donor/acceptor blends. J Am Chem Soc, 2010, 132: 12919-12926.

[12] Gong X, Tong M, Brunetti F G, et al. Bulk heterojunction solar cells with large open-circuit voltage: electron transfer with small donor-acceptor energy offset. Adv Mater, 2011, 23: 2272-2277.

[13] van Eersel H, Janssen R A J, Kemerink M. Mechanism for efficient photoinduced charge separation at disordered organic heterointerfaces. Adv Funct Mater, 2012, 22: 2700-2708.

[14] Xu L, Wang J, Lee Y J, et al. Relating nongeminate recombination to charge-transfer states in bulk heterojunction organic photovoltaic devices. J Phys Chem C, 2015, 119: 19628-19633.

[15] Bakulin A A, Rao A, Pavelyev V G, et al. The role of driving energy and delocalized states for charge separation in organic semiconductors. Science, 2012, 335: 1340-1344.

[16] Jin F, Chu B, Li W, et al. The influence of donor material on achieving high photovoltaic response for organic bulk heterojunction cells with small ratio donor component. Org Electron, 2013, 14: 1130-1135.

[17] Lee C C, Su W C, Chang W C, et al. The effect of charge transfer state on the open-circuit voltage of small-molecular organic photovoltaic devices: A comparison between the planar and

bulk heterojunctions using electroluminescence characterization. Org Electron, 2015, 16: 1-8.

[18] Mo H W, Ng T W, To C H, et al. Infrared organic photovoltaic device based on charge transfer interaction between organic materials. Org Electron, 2013, 14: 291-294.

[19] Kinoshita Y, Takenaka R, Murata H. Independent control of open-circuit voltage of organic solar cells by changing film thickness of MoO_3 buffer layer. Appl Phys Lett, 2008, 92(24): 243309.

第6章 基于分子间电荷转移机制的有机光探测器件研究

6.1 光 探 测 器

所谓光探测器，是用来监测或检测不同照射光波长及其强度的器件或装置，可用于光图像识别等，有机光探测器(organic photodetector, OPD)是一种具有光电转换功能的有机半导体光电子器件，这种器件主要是用来监测或检测不同照射光波长及其强度的。为此要知道自然界的光波长的范围，笔者在文献[1]中给出了从远红外、红外、可见到紫外(ultraviolet, UV)光波长的名称、波长和波数的关系。其中，特别要提出的是 UV 光波段敏感的 OPD，UV 光波段又可以分为 UV-A、UV-B、UV-C。UV-A 波段(320~420 nm)有很强的穿透力，可以穿透大部分透明的玻璃以及塑料。该波段在日光中的占比超过 98%，能穿透臭氧层和云层，到达地球表面。UV-A 可以直达肌肤的真皮层，破坏弹性纤维和胶原蛋白纤维，将我们的皮肤晒黑。在 UV-A 波段中，还要特别提出 365 nm 紫外线，它是昆虫类的趋光性反应波长，可制作诱虫灯，该波段 UV 光还可用于矿石鉴定、舞台装饰和验钞等。UV-B 波段(275~320 nm)具有中等穿透力，由于波长较短，会被透明玻璃吸收一部分。UV-B 波段能促进体内矿物质代谢和维生素 D 的形成，可制作紫外线保健灯、植物生长灯。UV-C 波段(200~275 nm)发出的光可使用特殊透紫玻璃制成灭菌灯等，制作有机光电子器件的 ITO 玻璃表面通常会用这种 UV 灯照射，以便去除残余的油污等不净物。虽然太阳照射地面的 UV-C 很少，但是在大气层以外的太空却存在很多来自太阳的 UV-C 光线，在工业上又称深紫外光，该波段的 UV 探测在军事上相当重要，于是深紫外 OPD 就显得尤为重要。 此外，红外波段的探测也在军事上占有很重要地位，红外波段可分为近红外 (1~3 μm)、中红外(3~5 μm)、热红外(8~14 μm)和远红外(16 μm 以上)。有关各个波段的划分和具体应用请参见文献[1]。

6.2　有机光探测器

在 20 世纪 80 年代之前,紫外线探测器的研究主要集中在具有宽能带隙的无机半导体上(如 GaN 和 SiC)。由于无机半导体的紫外线探测器制作过程复杂、成本高和无法柔性化,近年来有机半导体的光探测器引起了人们的广泛关注,并且得到了迅速的发展。有机光探测器有诸多优点,如材料选择广泛,光吸收波段宽,响应快,以及制作成本远远低于无机半导体等。

6.3　有机光探测器和有机光伏器件的工作原理比较

有机光探测器件实际上是在有机光伏器件基础上发展起来的,这两种器件都含有给体和受体材料,而且要求给体和受体的前线分子轨道能级(LUMO/LUMO 或 HOMO/HOMO)具有一定的差别,以便发生从给体向受体进行电荷转移,实际上 LUMO 和 HOMO 能级就是化学上电子亲和势(electron affinity, EA)或离化能(ionization potential, IP)。图 6-1 示出了光吸收、激子产生和扩散、电荷转移反应和载流子被电极收集等 4 个过程以及给体和受体的能级排列和电荷转移反应过程的原理[2]。由图 6-1 可以看出,电荷转移态(受体上的电子和给体上的空穴)的能量为 IP_D-EA_A(下角标 D 和 A 分别表示给体和受体材料)。在此图中,D/A 结合能 $E_{ex}>IP_D-EA_A$,电荷转移反应为 $D^*+A \longrightarrow D^+ + A^-$ 和 $D+A^* \longrightarrow D^+ + A^-$($D^*$ 和 A^* 分别表示给体和受体的激发态,D 和 A 分别表示给体和受体的基态,$D^+ + A^-$ 分别表示在给体和受体上电子和空穴的极化态)。需要注意的是,在 $E_{ex}<IP_D-EA_A$ 时的电荷转移反应在能量上是不可行的(该过程这里没有显示)[2]。

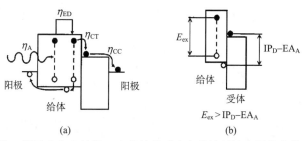

图 6-1　(a)光吸收、激子产生和扩散、电荷转移反应和载流子被电极收集的 4 个过程。η_A 表示光吸收效率,η_{ED} 表示激子到达 D/A 界面的份数,η_{CT} 表示电荷转移反应效率,η_{CC} 表示在电极上载流子收集效率。(b)给体和受体的能级排列和电荷转移反应过程的原理[2]

以上是有机光探测和有机光伏共同的激发态过程，即电荷转移态形成和载流子收集过程。但是对于聚合物 PV，聚合物之间的相容性需要更加注意，否则会产生低性能 OPV 器件。对于 OPD，主要性能是探测率（detectivity）、开关比（on/off ratio）和光谱响应范围的宽窄等参数。由于光探测器件还要有本身的独特器件性能，如光响应度、响应时间、响应光谱和光谱选择性等。这样，很多有机光伏使用的材料就无法用于光探测器件，特别是激子扩散长度大的磷光材料几乎不可能应用到这个领域。另外，工作偏压、光谱选择性等参数在光伏器件中也是不需要的。光探测器件的这些特殊性能参数会使光探测器件的材料选择和器件结构设计有更特殊的要求[1]。

6.4　基于分子间电荷转移激发态的有机光探测器

有机光探测器件工作机制有很多，但是有机光探测器件工作主要是基于电荷转移激发态机制的。下面对分子间电荷转移机制的有机光探测器件的内容进行讨论。

6.4.1　基于纯有机材料给体/受体间电荷转移的光探测器件

Morimune 等[3]利用 CuPc 作给体、BPPC 作受体制成了单异质结光探测器件，器件结构是 ITO（150 nm）/CuPc（30 nm）/BPPC（40 nm）/Au（30 nm）。图 6-2 给出了该器件在暗处和红光照射下的电流密度-电压特性以及在正反偏压下的载流

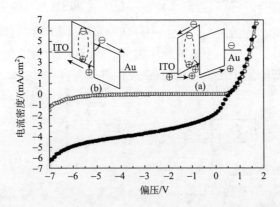

图 6-2　在暗处（○）和在红光 650 nm 照射下（●）（CuPc/BPPC）作活性层的有机光探测器件的电流密度-电压特性

插图是载流子转移模式：（a）正向偏压下载流子转移情况；（b）反向偏压下载流子转移情况

子转移情况。可以看出，在正向偏压下空穴主要从 ITO 阳极注入 CuPc 的 HOMO
能级，然后到达 Au 阴极。瞬间光电流受有机层的空间电荷影响而在反向偏压下，
光电流在给体/受体界面产生然后被两个电极收集，在 7 V 反向偏压、截止频率为
70 MHz 条件下，用正弦曲线调制激光(650 nm)观测到在 100 MHz 的明显的响应脉
冲。在重复脉冲光下的高速响应表明该器件有望用于高速光电转换。

　　上面描述的是小分子间的电荷转移光探测器件，接下来要讨论的是聚合物和
小分子混合层作为活性层的 OPD 研究结果。Memisoglu 和 Varlikli[4] 研究的 OPD
器件在制作工艺上采用加温退火，光探测性能得到显著提高。他们采用的给体和
受体材料分别是 PFE 和 BNDI，化学结构如图 6-3 所示。

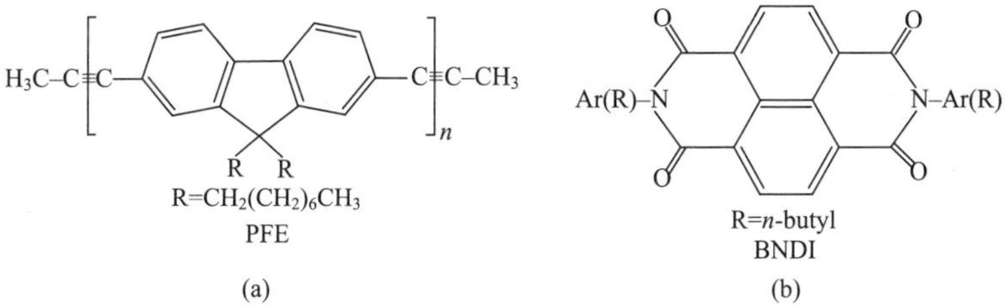

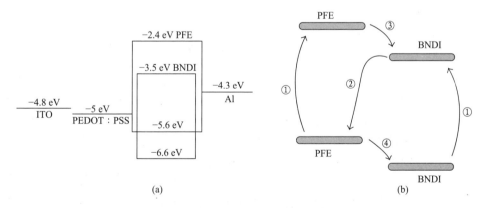

图 6-3　该研究所用的给体聚合物 PFE(a)和受体小分子 BNDI (b)的化学结构

　　图 6-4 示出了该 OPD 的器件能级结构和该器件工作时的电荷转移过程原理。

图 6-4　该研究研制的 OPD 的器件能级结构(a)和该器件工作时的电荷转移过程原理(b) [4]
①PFE 和 BNDI 的激发；②非辐射能量传递；③激发态电子转移；④基态电子转移

　　作者给出 PFE：DNDI 混合比例为 3：1 的 OPD，在–4V 工作电压、1 mW/cm²
368 nm UV 照射下，输出的光响应度(responsivity)为 410 mA/W ，这个结果被认
为是该发表年最高的。获得如此高的响应度应该归因于合适的 D：A 混合比例、器

件电阻率的减小和载流子迁移率的增加，如表 6-1 所示，可以看出，在 60℃退火的器件的光响应度最高，电子迁移率也最高，说明串联电阻最低。

表 6-1　基于 D∶A 混合薄膜的 OPD 器件的电学特性[4]

参数	数值			
退火温度/℃	室温	40	60	80
光响应度/(mA/W)	192	263	410	149
电子迁移率（× 10^8）[cm²/(V·s)]	0.59	0.94	2.5	0.29

上面讨论的 OPD 活性层的给体是聚合物，接下来介绍的活性层的受体是聚合物，该受体材料的吸收覆盖了整个可见光谱区（350~800 nm）[5]，给体和受体的化合物结构示于图 6-5。

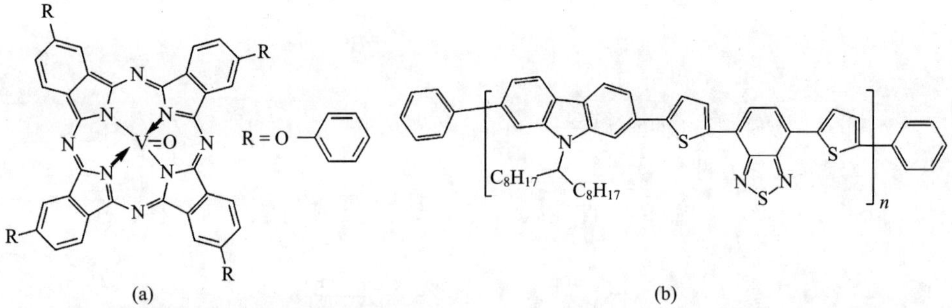

图 6-5　给体 VOPcPhO(a) 和受体 PCDTBT(b) 的化学结构[5]

从受体材料的分子结构可以看出，实际上它含有给体和受体单元，既可以作为电子给体，也可以作为电子受体[6]，光吸收覆盖了低能可见波段，如图 6-6 所示，可以看出，随着活性层中 VOPcPhO 含量的增加，长波吸收强度增加，而给体和受体各自的吸收却明显不同，前者的吸收位于长波波段，而后者的吸收位于短波波段。

笔者研究组[7]利用 m-MTDATA 作为电子给体（D）、8-羟基喹啉稀土（REq）作为电子受体(A)研制出可见盲区的 UV OPD。这里 RE 是指稀土元素(RE 是 rare earth 的缩写)，分别为 Y、La、Gd、Lu 和 Eu。这种 OPD 能提供更短的截止波长，所以只能探测比穿透大气层的太阳辐射更短波长的紫外线，有关光盲 UV OPD 的内容请参看文献[1]。我们研究发现，基于 Gdq 的 OPD 的光响应度明显高

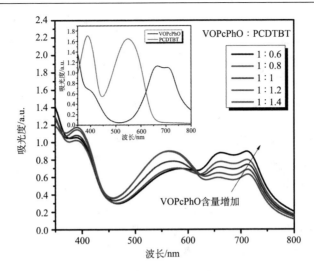

图 6-6　VOPcPhO、PCDTBT 和两者的 5 个不同体积混合比的混合薄膜的 UV-Vis 吸收光谱[6]

插图：VOPcPhO 和 PCDTBT 纯的薄膜吸收光谱

于其他稀土配合物的 OPD。图 6-7 给出了给体、受体和二者混合薄膜的吸收光谱和在零偏压下的不同稀土元素配合物作受体的 OPD 的光电流密度-波长响应曲线。由图 6-7 可以看出，m-MTDATA：Gdq 混合薄膜作活性层的 OPD 具有最高的光响应，而 m-MTDATA：Euq OPD 的光电流密度-波长响应最低，这一差异归因于不同(给体：受体)混合薄膜和不同的稀土配合物的光致发光的区别，如图 6-8 所示。即 m-MTDATA：Gdq 混合物和 Gdq 的 PL 强度最低，而 m-MTDATA：Euq 和 Euq 的 PL 强度最高。对于混合薄膜来说，PL 来源于 m-MTDATA 与 REq 形成的激基复合物的辐射衰减，强的激基复合物发光减少了界面激子的分解，即不利于在给体/受体界面产生自由电荷，也就是在这个界面孪生(geminate)载流子对的分解与辐射衰减(即 PL)存在着竞争关系[8,9]，最后，导致了基于 m-MTDATA：Gdq 混合物的 OPD 器件光电流响应最大，图 6-9 给出了对上述结果的更详细机制的示意解释。从图 6-7、图 6-8 和图 6-9 可以明确地得出结论，给体、受体以及 D/A 激基复合物的光致发光与 D/A 界面的激子分解过程存在竞争，通过材料选择和合理的 OPD 二极管的结构设计设法避免 PL 的出现是提高 OPD 光电流响应的一条重要途径。

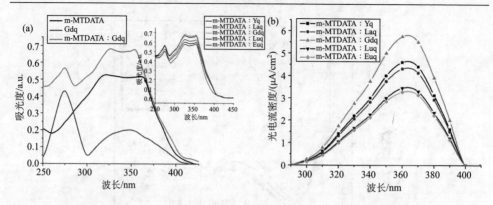

图 6-7　(a) m-MTDATA：Gdq 混合薄膜和单独的 m-MTDATA 和 Gdq 薄膜吸收光谱,插图是不同稀土配合物与 m-MTDATA 给体混合薄膜的吸收光谱；(b) 不同稀土配合物与 m-MTDATA 混合物作活性层的 OPD 器件的光电流密度-波长响应曲线, 给体：受体=1, 零偏压[7]

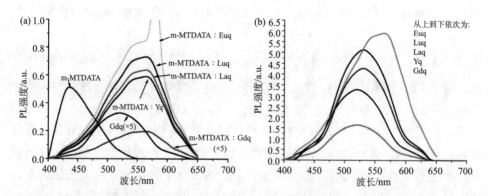

图 6-8　(a) 图 6-6 插图所示的 5 种混合薄膜、纯的 m-MTDATA 和 Gdq 薄膜的 PL 光谱；(b) 上述 5 种配合物的 PL 光谱。激发波长：565 nm[7]

6.4.2　宽波段光响应 OPD 研究

1. 基于全聚合物 OPD 研究

宽谱带 OPD 能够制成大面积、低成本和柔性基板,可以用在高精度分光光度计等光谱仪器上,受到研究者的关注。Gong 等[10]利用小带隙 π-共轭聚合物与富勒烯衍生物的混合物制成了 OPD,其光谱响应波段为 300~450 nm,图 6-10 表示了该文所用的主要材料分子结构,纯的 PDDTT、PC$_{60}$BM 和 PDDTT：PC$_{60}$BM 混合薄膜异质结的吸收光谱,以及器件的能级结构。

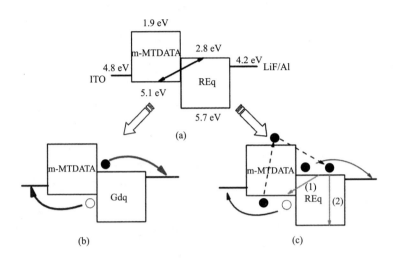

图 6-9　(a) 在 m-MTDATA∶REq 分子间界面电荷对的形成；(b) 在很弱的混合层和 (或) 激基复合物发射情况下 m-MTDATA∶REq 器件占优势的 PV (PD) 过程；(c) 在强的激基复合物 (1) 和受体 (2) 发射情况下弱的 PV (PD) 工作[7]

双向箭头表示产生的电子 (●)-空穴 (○) 对，在界面上产生的激子分解而成的电子和空穴。在 (b) 和 (c) 过程中，给体 HOMO 和受体 LUMO 上的箭头分别表示空穴和电子向阳极和阴极的传输。(c) 过程中的虚线箭头表示光激发下的电荷转移过程；从受体 LOMO 向给体 HOMO 的箭头表示激基复合物形成，从受体 LUMO 向受体 HOMO 的箭头表示受体的 PL 发射。也就是说，(c) 过程存在三个竞争过程

　　作者采用时间分辨光诱导的吸收和瞬态光电导证明，该 OPD 器件中存在着超快的光诱导的电荷转移过程和长寿命移动的电荷载流子[10]。该作者研制的全波段 OPD 的优良的探测性能是：探测率大于 10^{12} cm·$Hz^{1/2}$/W，光谱响应范围为 300～1450 nm。

　　作为聚合物材料的宽谱带光谱响应的另外一个例子是 Xu 等[11]报道的研究结果。在该研究中，作者采用了 3 种聚合物混合作为活性层，制成了三元聚合物 OPD，聚合物是 P3HT∶PC_{70}BM，还有低带隙的 PTB7。优化的 OPD 的开关比为 4.6×10^4，响应波段覆盖了 380～750 nm。高的 PD 性能主要归因于：①低带隙 PTB7 起到敏化剂作用；②在该 PD 体系中会发生从宽带隙聚合物向低带隙聚合物的能量传递过程；③各聚合物可分别工作。为了证明上述 3 个可能的工作机制，作者首先研究了材料的光谱学和发光特性，如图 6-11 所示。由图 6-11 可以看出，P3HT 的吸收光谱位于 380～650 nm 波段范围之内，把少量 PTB7 引入 P3HT∶PC_{70}BM 之后，吸收光谱延伸到 750 nm，在 650～750 nm 光谱区的吸收强度随 PTB7 含量增

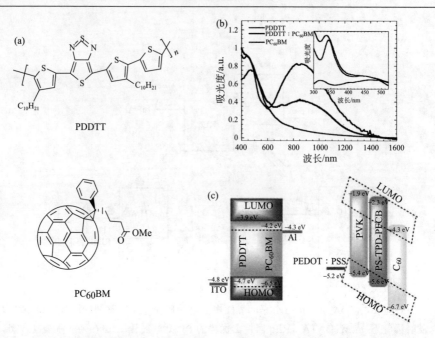

图6-10　(a) PDDTT 和 $PC_{60}BM$ 的分子结构；(b) 纯的 PDDTT 和 $PC_{60}BM$ 以及 PDDTT：$PC_{60}BM$ 混合薄膜异质结的吸收光谱，插图：300～500 nm 波段的吸收光谱；(c) 器件能级结构[10]

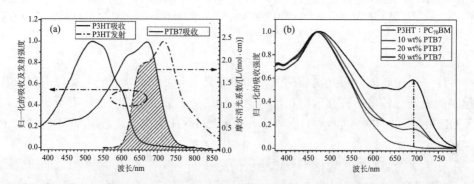

图6-11　(a) P3HT 薄膜的吸收光谱和发射光谱，以及溶解在三氯甲烷的 PTB7 的吸收光谱；(b) P3HT：$PC_{70}BM$ 混合薄膜和三元混合薄膜的吸收光谱[11]

加而增强，与 P3HT 的发射光谱交叠[图 6-11(a) 阴影部分]，这就会明显地对 Förster 共振能量传递有贡献。作者认为这种能量传递为偶极-偶极(dipole-dipole)相互作用，他们经过计算得出，这种相互作用的距离(即 Förster 半径)为 5.9 nm[11]。P3HT 和 P3HT：PTB7 混合薄膜的荧光衰减曲线如图 6-12 所示，可以看出，当少量 PTB7 被引入 P3HT 和 $PC_{70}BM$ 混合薄膜时，P3HT 的荧光强度明显降低，说明会发生从 P3HT 向 PTB7 的共振能量传递，从插图可以看出，除了 P3HT 向 PTB7 传递能量外，还会发生从 P3HT 向 PTB7、然后又从 PTB7 向 PC$_{70}$BM 的链式能量传递。作者通过三元聚合物制作成的 OPD，其高性能来源于协同效应，即少量 PTB7 的引入在不明显改变薄膜形态和电荷载流子复合动力学的同时，加宽了吸收光谱范围，实现了链式能量传递，最后获得了高性能 OPD 特性。

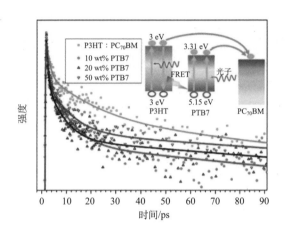

图 6-12　P3HT∶PC$_{70}$BM 混合薄膜和 P3HT∶PTB7∶PC$_{70}$BM 混合薄膜的荧光衰减曲线[11]

插图：三元混合薄膜的能量传递过程原理

2. 基于小分子宽谱带光响应的 OPD 研究

在此基础上，本研究组[12]研制出的 OPD 光响应位于 200～900 nm 波段，使用的材料都是有机小分子，这些小分子(除了 m-MTDATA)材料的吸收光谱和最佳 OPD 器件能级结构分别示于图 6-13(a)和(b)。可以看出，只要优化 OPD 器件结构就会使器件的 EQE 光谱覆盖整个光谱范围，即 200～900 nm 波段区间。那是因为 CuPc 被 TiOPc 取代后，TiOPc 在 600～800 nm 波段的吸收增加了，而且给体特性明显优于 CuPc，最后使得优化器件的 EQE 在整个光谱区变得更高。结果是探测率在 3 V 时高达 $1×10^{12}$ Jones*，在整个光谱响应范围内 EQE 高于 20%。

---

* 1 Jones= 1 cm • Hz$^{1/2}$/W

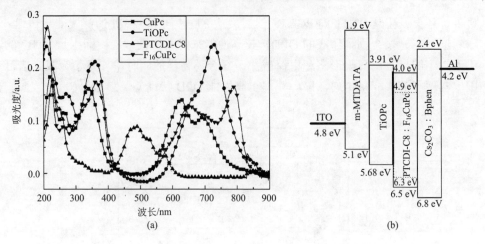

图 6-13　用于该研究的小分子(除了 m-MTDATA)材料的吸收光谱(a)和最佳 OPD
器件能级结构(b) [12]

6.4.3　基于有机晶体给体/受体的 OPD 器件研究

　　以上介绍的是基于有机/有机小分子电荷转移界面的 OPD 器件特性,但是无定形结构的有机/聚合物分子间混合的界面导致了受体在聚合物中的弥散性,这样会限制激子扩散长度,填充因子也会被降低,这是由于空穴与陷在孤立团簇中的电子复合。在单晶有机半导体中,这种无序效应会被忽略,而高度有序的分子晶格会促进轨道交叠,因而会提高载流子传输。Najafov 等[13]观测到,红荧烯(Rubrene) 单晶中,激子扩散长度可达 2~8 mm。基于这种背景,Alvesl 等[14]研究了基于有机晶体的 OPD 器件性能。作者获得了由两种不同有机化合物构成的给体和受体高度有序分子晶体的高光导增益,给体是红荧烯,受体是 TCNQ。二者都是宽带隙(大于 2 eV)的有机半导体,并且在两种材料分子结构中形成了分子堆积,如图 6-14 所示。采用场效应晶体管测量方法得到红荧烯的电子迁移率和 TCNQ 的空穴迁移率分别为 20 cm^2/(V·s)和 0.5 cm^2/(V·s),因此 HOMO-LUMO 带隙很大。

　　图 6-15 示出了红荧烯/TCNQ 界面传输和光响应性能,可以看出,与孤立的红荧烯和 TCNQ 器件相比,基于红荧烯/TCNQ 界面的器件电导率高 5 个量级,光响应也高 2 个量级,这些差异来源于它们光电流产生的量子效率的差异[14]。

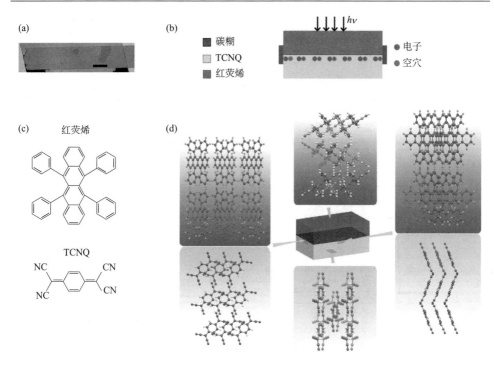

图 6-14 红荧烯/TCNQ 分子结构和 OPD 器件结构[14]

(a) 红荧烯/TCNQ 电荷转移界面器件的光学照片,分离的红荧烯和 TCNQ 晶体厚度分别是 1 mm 和 13 mm, 基准尺:100 μm;(b) 从侧面观测的器件结构,表示在光电流测量时的照射表面方向;(c)分子的化学结构;(d)不同侧面观测的红荧烯和 TCNQ 晶体结构

图 6-16 示出了原理性的红荧烯/TCNQ 界面能级图和光电流产生过程:在光照射时,在红荧烯上形成激子,接着激子向红荧烯/TCNQ 界面扩散并在这个界面通过电荷转移过程使电子和空穴有效地分离,这是因为红荧烯/TCNQ 界面发生了能带弯曲。

综合上述结果,可以总结出如下结论,用有机单晶材料确实会大大提高 OPD 各个方面的性能,在单晶给体/受体界面的电荷转移过程与无定形给体/受体界面几乎一致,但是由于单晶的载流子传输和电导性能使有些单晶给体/受体 PD 性能大大提高,有机单晶有望在光子学、光电子学和有机电子学领域获得更深入的研究和应用。

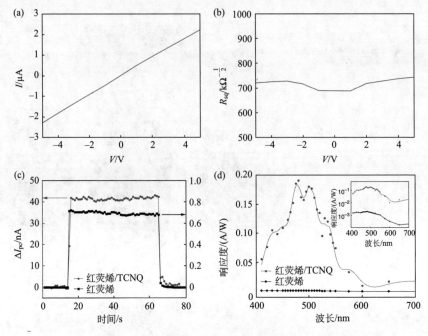

图 6-15　红荧烯、TCNQ 和红荧烯/TCNQ 界面传输和光响应特性[14]

所有性能均是在环境温度、压力和空气中测得的。(a) 红荧烯/TCNQ 器件的 *I-V* 曲线；(b) 归一化的红荧烯/TCNQ 电阻率；(c) 红荧烯/TCNQ 界面和红荧烯单晶光电流响应曲线 (500 nm 光照射，工作电压 5V)，红荧烯/TCNQ 光响应比红荧烯光响应高 2 个数量级；(d) 红荧烯器件的响应度和红荧烯/TCNQ 器件的光响应度差异也很大，其差异源于相应光电流产生的量子效率

6.4.4　基于有机-无机分子间电荷转移的 OPD 研究

香港城市大学 Lee 研究组[15]报道了近红外 OPD，在 MoO_3 掺杂有机物中形成的电荷转移复合物吸收光谱位于近红外 (NIR) 波段。尽管一般情况下电荷转移复合物的形成是电荷从有机给体的 HOMO 能级向有机受体的 LUMO 能级，但是他们将 MoO_3 与 NPB 混合物作为活性层，研制出了近红外敏感的 OPD。图 6-17 示出了 MoO_3 掺杂的 NPB (a) 和 MADN (b) 的吸收光谱，可以看出，22 wt% 和 33 wt% MoO_3 掺杂的 NPB 薄膜表现出明显的近红外吸收，而 MoO_3 掺杂的 MADN 薄膜却没有出现近红外吸收。电荷转移复合物的生成有利于光电流的产生。在 980 nm 光照射下，NPB 体系 OPD 在 −3V 时，光电流密度为 0.35 A/cm^2。

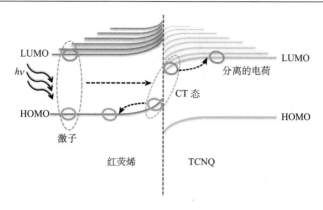

图 6-16　原理性的红荧烯/TCNQ 界面能级图和光电流产生过程[14]

最左侧的曲线箭头表示光向红荧烯的照射，垂直椭圆图表示在红荧烯上产生的激子，在红荧烯/TCNQ 界面上的斜椭圆表示从红荧烯向 TCNQ 的电荷转移态，左侧的虚直线箭头表示激子到红荧烯/TCNQ 界面的传输态，在界面上虚线箭头向左的表示分离的空穴沿着红荧烯 HOMO 能级向阳极传输、向右的表示分解的电子沿着 TCNQ LUMO 向阴极方向传输

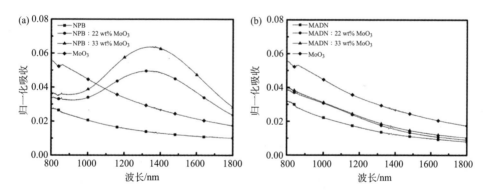

图 6-17　MoO_3 掺杂 NPB（a）与 MoO_3 掺杂 MADN（b）薄膜归一化的 NIR 吸收光谱[15]

上面是基于有机材料与无定形 MoO_3 材料之间的电荷转移的 OPD 研究，接下来讨论的是无机和有机混合体系的 OPD，无机材料是 PbS 纳米晶体，有机物分别是 P3HT 和 PCBM[16]。图 6-18 示出了 P3HT 和 PCBM 的分子结构式，PbS 纳米晶（PbS NC）示意图，光照射时从 PbS NC 分别向 P3HT 和 PCBM 的空穴和电子转移原理，以及所用材料的能级。当对 P3HT 进行光激发时，电子将向 PbS 和（或）PCBM 转移。

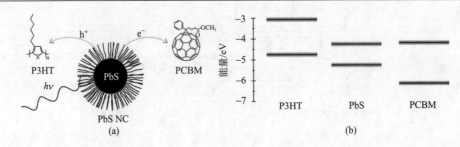

图 6-18　P3HT、PCBM 和 PbS 纳米晶(PbS NC)结构以及光照射 PbS NC 进而从 PbS NC 分别向 P3HT 和 PCBM 的空穴和电子转移过程的原理(a)及有机和无机材料的能级(b)[16]

　　基于 PbS∶P3HT∶PCBM 的三元体系的电荷转移效率明显高于基于 PbS∶P3HT、PbS∶CBM 和 P3HT∶PCBM 的二元体系，这表明空穴和电子都发生了从激发的 PbS NC 向 P3HT 和 PCBM 的转移，即空穴向 P3HT、电子向 PCBM 的电荷转移，如图 6-19 所示。

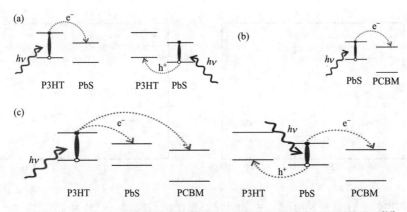

图 6-19　二元和三元体系混合薄膜的光激发和电荷转移过程的原理表示[16]

(a)PbS∶P3HT 混合体系；(b)PbS∶PCBM 混合体系；(c) PbS∶P3HT∶PCBM 三元混合物体系。波浪箭头：对体系的光激发；弯曲虚线箭头：电荷转移过程

　　Guo 等[17]报道了另外一种有机-无机杂化 OPD，这种 PD 的活性层是由 ZnO 纳米颗粒与导电聚合物混合而成的 ZnO 纳米复合材料，其性能明显高于无机 PD 体系。作者研制的 OPD 结构和工作原理如图 6-20 所示，ZnO 纳米颗粒在这里起到电荷陷阱作用，而不是像在 OPV 中那样起到电荷传导作用。两种不同带隙的空穴传输聚合物，P3HT 带隙为 1.9 eV、PVK 带隙为 3.5 eV，用在作者的 OPD 器件中获得了不同光响应，前者光响应位于 UV-Vis 波段，后者位于 UV 波段。

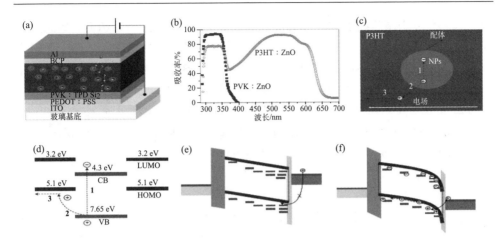

图 6-20　(a) OPD 原理结构示意图；(b) P3HT：ZnO 和 PVK：ZnO 纳米复合物吸收光谱；(c) 在 ZnO-聚合物纳米复合物中电子-空穴对的产生(1)、解离(2)，空穴传输和电子陷阱过程(3)；(d) 聚合物包裹的 ZnO 纳米颗粒的能级图；(e) 和 (f) 在黑暗环境和照射条件下的器件能带图[16]

(d) 中第 1 和 2 阶段表示电子和空穴从 ZnO 纳米颗粒的价带分别被激发到导带和 P3HT 的 HOMO 能级，第 3 阶段表示空穴从 P3HT 的 HOMO 能级向阳极传输。该图中的 CB 和 VB 分别表示导带和价带

　　根据图 6-20 所示的结果，作者推测了相关器件的工作过程和原理，具体如下：ZnO 纳米颗粒和聚合物吸收入射光子并产生激子，然后激子向聚合物/纳米颗粒界面扩散，电子从纳米颗粒和半导体聚合物发生转移，在反向偏压/电场下，空穴在半导体聚合物中传输，电子在纳米颗粒上被陷获，这是因为缺少电子过滤网络，导致在 ZnO 纳米颗粒上产生了强的量子限域效应。当没有光照射时，在反向偏压下 [图 6-20(e)]，暗电流是小的，这是由于存在较大的电荷势垒(0.6 eV)。在光照射器件时，被陷获的电子会很快移动到聚合物的 LUMO 能级。电子陷阱主要被局域在阴极附近。在阴极侧的空穴注入势垒变得很小，以至于空穴容易隧穿通过这个薄层 [图 6-20(f)]。这样，纳米复合物/Al 界面就起到可用光寻址的光电子光阀(valve) 的作用，即入射光子可以打开这个光阀使空穴注入。

　　总之，作者报道的新型有机-无机杂化 PD 在没有光照射时具有肖特基电极，在照射时变成欧姆接触电极，可以通过界面陷阱控制的电荷注入来实现。他们的 PD 器件，在小于 10 V 工作电压时，探测率为 3.4×10^{15} Jones，比无机 PD 的探测率高几十至几百倍。光响应度为 721～1001 A/W。

　　用 PbS 纳米晶和富勒烯衍生物制作的 OPD 是纳米晶在 OPD 器件的另外一种应用，如 Gocalińska 等[18]报道的那样，与文献[15]所报道的不同。

　　该器件的特色是利用了 PbS 纳米晶对近红外光谱的敏感性和富勒烯衍生物良好的电子传输性能，PbS 纳米晶的带隙对其颗粒尺寸很敏感，这就可以通过调节纳米晶的尺寸来调节纳米晶的带隙和电子转移特性。PbS 纳米晶和富勒烯原则上可以形成两种异质结，即 I 型和 II 型异质结，富勒烯衍生物的带隙依赖于准确的化学结构，作者研究了各种尺寸的 PbS 纳米晶和 PCBM 的体异质结以及在杂化异质结上光诱导的从 PbS 纳米晶向 PCBM 分子的电子转移过程，如图 6-21 所示。图 6-22 给出了不同尺寸 PbS 纳米晶的吸收和 PL 光谱，可以看出激发峰分别位于 1010 nm、1110 nm、1150 nm、1250 nm、1350 nm 的吸收峰，它们分别对应于直径为 3.3 nm、3.7 nm、3.9 nm、4.4 nm 和 4.9 nm 的纳米晶。

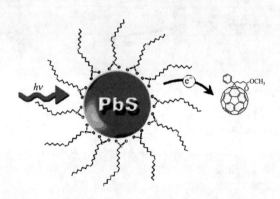

图 6-21　在杂化异质结上光诱导的从 PbS 纳米晶向 PCBM 分子的电子转移过程的图解表示[18]

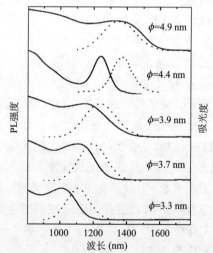

图 6-22　5 个不同粒径 PbS 纳米晶的归一化吸收(实线)和 PL 光谱(虚线)[18]

4.9 纳米晶的光谱在 1470 nm 有些扭曲，这是由于水的吸收线干扰

图 6-23 给出了 PbS：PCBM 薄膜的响应光谱，可以看出直径为 3.0 nm PbS：PCBM 的响应比直径为 4.9 nm 和 8.0 nm 的混合薄膜高 2 个量级。此外，亚皮秒

(subpicosecond)光谱技术用于研究各种尺寸的 PbS 纳米晶与 PCBM 的 BHJ,揭示了光激发载流子超快速动力学过程,特别是光激发的从纳米晶向 PCBM 的电子转移机制,得出的结论是,这个电子转移过程取决于纳米晶的尺寸,在 4.4 nm 或更小的情况时电荷转移易于发生,而较大的纳米晶尺寸对电荷转移不利。

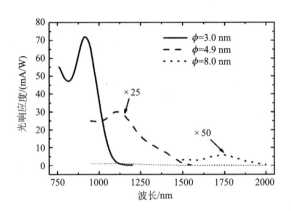

图 6-23　PbS∶PCBM 混合薄膜在 100 V 偏压下的光电流响应光谱[18]

图中有 3 种情况:PbS 纳米晶直径小于电荷转移阈值的 3.0 nm,大于电荷转移阈值的 4.9 nm 和 8.0 nm

　　总之,作者获得的结果表明,从 PbS 纳米晶到 PCBM 的电荷转移时间依赖于纳米晶颗粒尺寸,短波长发射的纳米晶的电荷转移时间为 130~150 ps,如此短的转移时间足以竞争过载流子复合过程,作者获得的这些重要信息对于进一步发展有机/无机杂化 OPD 和有机光伏有很大的指导意义。

　　上面讨论的是 PbS∶PCBM 体异质结 OPD 研究,这里要描述的是可见光敏感的 OPD,器件的活性层是由 NiO 纳米晶作给体和有机物作受体的平面异质结(PHJ),如文献[18]描述的那样。具体来说,这个杂化的 OPD 器件的活性层为 p-NiO/Pyr_TCF 平面异质结[19]。之所以选择 Pyr_TCF 作受体,是因为其高的光吸收特性和高的摩尔吸收系数[27 140 L/(mol·cm)]。Pyr_TCF 分子由多环芳香单元和三氰呋喃单元构成。分子的 HOMO 能级在多环芳香单元周围,分子的 LUMO 能级在三氰呋喃单元周围,两者用 π–桥连接成给体–π–受体分子。图 6-24 示出了该器件的有机层光吸收以后的电荷从 Pyr_TCF 的 HOMO 向 LUMO 转移的过程:在内建电场作用下于 p-NiO/Pyr_TCF 界面发生电荷分离,一个电子通过有机层向 Al 阴极传输,一个空穴通过 p-NiO 向 FTO 阳极传输。因为杂化 PD 器件的界面电荷转移有一定困难,因此该研究工作增加了表面调节剂。由该图可以明显地看出,表面调节剂可以为电荷转移提供更合理的能级排列。另外,在高氧气压力下制作 p-NiO 层可以提供更高的电荷载流子密度,同时使暗电流降低。最后,获得的 OPD

器件的载流子光产生、量子效率和光响应度都得到很大提高。

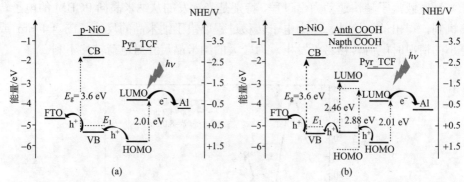

图 6-24　FTO/p-NiO/Pyr_TCF/ Al（a）和 FTO/p-NiO/表面调节剂/Pyr_TCF/AlOPD（b）器件的
能级图[19]

在图（a）中，在光照射下 Pyr_TCF 的 LUMO 和 HOMO 分解出电子和空穴，二者分别向 Al 阴极和经由 p-NiO 的价带向 FTO 阳极转移，在图（b）中电子转移过程与图（a）相同，而空穴从 Pyr_TCF 的 HOMO 经由表面调节剂的 HOMO 和 p-NiO 的价带向 FTO 传输

除了纳米晶作为给体材料外[18,19]，为了研制基于一维（1D）半导体 OPD，Wang 等[20]报道了以纳米线材料作受体的杂化 PD 器件。之所以开拓 1D 纳米结构是因为 1D 是最小的维数，有利于电子和激子传输，有望制成纳米尺度电子学和光电子器件的理想模块，会为未来纸张显示、可穿戴器件和能量存储器件奠定基础。该作者研制的 PD 器件的给体和受体分别是 P3HT 和 CdSe 纳米线（NWs），基板分为刚性和柔性（PET 和印刷纸）两种，CdSe NWs 具有高表面-体积比、大的表面积和可控的表面电荷，因而具有高电子传导性。为了研制 P3HT：CdSe 纳米线 PD 器件，作者首先研制了 CdSe NWs，采用的方法是热蒸发，用 CdSe 粉末作蒸发源、金纳米颗粒作催化剂制成了纳米晶产物，产物的 XRD 图像和新生成的 CdSe 纳米晶的扫描电镜（SEM）图像表明，所有 XRD 峰都归属于六角型 CdSe 相，并且形成了长度为几百微米的线状纳米结构；在高放大倍数扫描电镜测量下，CdSe 纳米晶直径是 100 nm，透射电镜（TEM）图像表明，纳米线的直径很均匀，高分辨 TEM（HR-TEM）图像和相应的衍射图像表明，CdSe 纳米晶属于六角单晶，沿着[001]方向的衍射图案如图 6-25 所示。

Afify 研究组[21]报道了另外一种有机-无机杂化异质结 PD 器件，不同于上面得到的无机纳米复合材料，作者目的是发挥有机物和无机物各自的优点。无机材料载流子迁移率高、光谱带吸收宽，而有机材料可以低温下加工，成本低。他们经过考察发现，TiOPc 是一种能够对近红外光谱最敏感的酞菁染料。由于其优良的光敏性和电学特性，曾经被笔者研究组研制成纯 OPD 器件[12]。

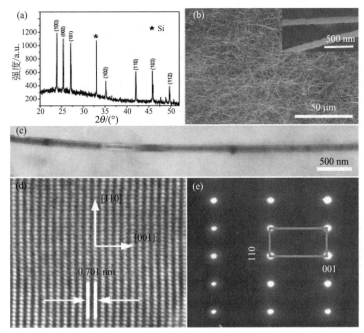

图 6-25　新制作的 CdSe 纳米线的 XRD 图案(a)、SEM 图像(b)、TEM 图像(c)、HR-TEM 图像(d)、选区电子衍射(SAED)图案(e)

在这篇报道中作者研究了结构为 Ag/TiOPc/p-Si/Al 的异质结在不同温度、正反偏压下的暗电流密度-电压特性，图 6-26 示出了原理性 Ag/TiOPc/p-Si/Al 器件结构和 Ag/TiOPc/p-Si/Al 异质结的能带图，目的是搞清载流子传输机制和某些异质结参数。研究结果表明，作者获得了高性能有机/无机杂化 PD 器件，即在–2 V 反向偏压下的光响应度、EQE 和探测率分别为 1.63×10^{-5} A/W、0.0025% 和 1.22×10^{-7} Jones。光探测的上升沿响应时间约 23 μs，下降沿响应时间约 34 μs。

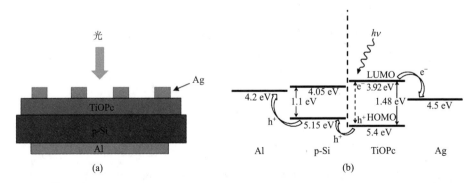

图 6-26　原理性 Ag/TiOPc/p-Si/Al 器件结构(a)和 Ag/TiOPc/p-Si/Al 异质结的能带图(b)
在(a)中，Ag 作阴极；(b)光照射(波浪线箭头)到 TiOPc 上产生电子-空穴对，然后电子-空穴对分解成自由电子和空穴，电子沿 TiOPc 的 LUMO 能级传输被阴极收集，空穴沿 TiOPc 的 HOMO 能级经 p-Si 的价带被传输到 Al 阳极[21]

6.4.5　掺杂金属纳米晶体的有机 OPD 研究

　　一般有机光电子器件都采用体异质结概念，最佳厚度约为 100 nm 或更薄。但是如此薄的厚度会导致器件低的光吸收，而采用较厚的活性层，由于有机材料载流子迁移率低、激子扩散长度短，串联电阻增加，这就制约了光吸收和电荷传输效率的平衡。于是人们提出光陷获技术，像 Ag、Au 等金属纳米颗粒(NPs)和其他金属纳米结构可以改进其光吸收。因为这些金属纳米材料存在局域表面等离子体共振(localized surface plasmon resonance，LSPR)，可以增强局域电磁场，提高纳米结构器件的光学特性[22]。具体来说，当入射光的频率与金属纳米颗粒的共振峰匹配时，就会产生特殊的光学性质，对光进行选择性吸收，在金属 NPs 的表面附近增强电磁场。这些效应取决于金属 NPs 的尺寸、形状和环境等因素。之所以在 OPD 器件中要引进金属 NPs，是因为它们能够调节器件的吸收能力，其中金纳米颗粒(AuNPs)具有更明显的优势。Luo 等[23]通过引进 AuNPs 到有机介质中，OPD 性能得到很大提高。图 6-27 示出了作者研制的含有 AuNPs 的 OPD 器件原理性结构和所用有机材料的化学结构。图 6-28 示出了 15 nm NPB、50 nm C_{60} 和 NPB(15 nm)/AuNPs/C_{60}(50 nm)/BCP(15 nm) 的吸收光谱（其中，AuNPs 厚度不同)和具有不同厚度 AuNPs 的 NPB/AuNPs/C_{60}/BCP 薄膜

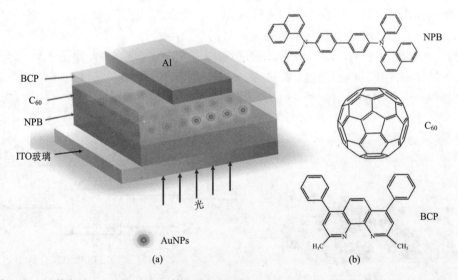

图 6-27　(a)掺杂 AuNPs 的 OPD 器件结构的原理性 3D 表示，AuNPs 被掺杂在 NPB/C_{60} 界面；
(b)所用有机材料的化学结构

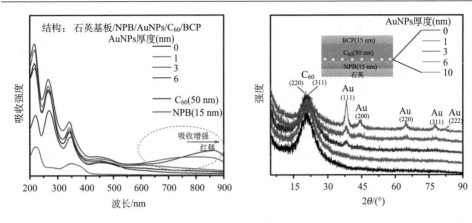

图 6-28　(a) 15 nm NPB、50 nm C₆₀ 和 NPB (15 nm) /AuNPs/C₆₀ (50 nm) /BCP (15 nm) 的吸收光谱 (其中，AuNPs 厚度不同)。所有薄膜都被沉积在石英片上。(b) 具有不同厚度 AuNPs 的 NPB/AuNPs/C₆₀/BCP 薄膜的 XRD 图片，在石英片上沉积[22]

的 XRD 图片，所有样片都在石英片上沉积。可以看出，随着 AuNPs 厚度的增加，在 750～900 nm 波段处的光吸收强度明显增加，这种现象可以归因于 AuNPs 在 550 nm 和 900 nm 之间的 LSPR 吸收，特别是厚度为 3 nm 时。均匀的近红外的宽光谱带吸收应该归因于 NPs 的尺寸效应和散射交叉截面[18]，该现象对于获取宽谱带响应探测范围是至关重要的。

所以可以推测，AuNPs 被引入有机半导体介质会增强光吸收和转换效率。当 AuNPs 厚度增加时，2θ 值从 5°到 90°明显增强，XRD 峰的宽带特性归因于 C₆₀ 的纳米晶特性，XRD 图案表明热沉积技术可以制备金的纳米晶体。图 6-29 示出了 AuNPs 的等离子体激元振动原理和在光照射下的等离子体共振响应的原理。可以看出在光照射下 LSPR 和激子相互作用导致激子分解加速，激子复合减少。

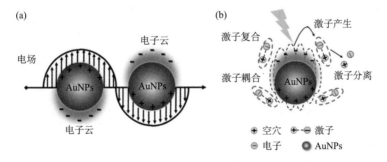

图 6-29　(a) AuNPs 的等离子体激元振动原理；(b) 在光照射下的等离子体共振响应的原理，形象地描绘 LSPR 和激子相互作用，产生的相互作用加速了激子分解，从而减少了激子复合[22]

　　图 6-30 给出了界面特性和能级排列，在光照射下，NPB/C$_{60}$-HJ 界面处的激子以及 AuNPs 产生的等离子共振吸收增强。作者发现，在正向偏压下 ITO 为正极时，电子和空穴分别从 Al 阴极和 ITO 阳极注入，并在 NPB/C$_{60}$-HJ 界面处复合，而在反向偏压时，光激发下，在 C$_{60}$-LUMO 上的电子会移向 NPB/C$_{60}$-HJ 界面形成积累层，然后与空穴复合，此时导致了无效或有效的激子解离，因此在光照射下，正向电流没有明显新的增加。另外，在反向偏压下 OPD 器件工作时，在 NPB/C$_{60}$ 和 AuNPs 处分别产生了光诱导的电子和空穴，然后它们被传输到阴极和阳极，即外电场促进了光诱导的载流子传输和收集。另外，产生在 AuNPs 上的等离子共振的热激子会有效地分解成电子和空穴。可以看出，作者研制的 AuNPs OPD 会指导人们研制出吸收谱带更宽的高性能光电子器件。

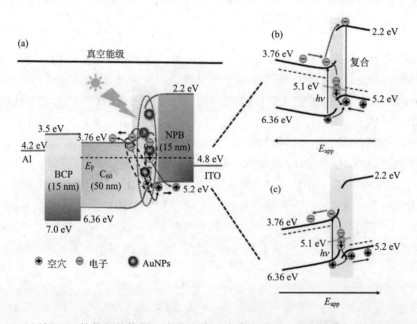

图 6-30　(a) 该 OPD 的能级结构图、电荷产生动力学和载流子传输机制，椭圆虚线圈起部分为 C$_{60}$/NPB 界面的 AuNPs，NPB 的 LUMO 高于 C$_{60}$ 的 LUMO；(b) 在正偏压下 OPD 器件电子和空穴分别向阴极和阳极注入，会在 HJ 界面处复合，AuNPs 起到主要复合中心的作用；(c) 在负偏压时电子和空穴分别被器件阴极和阳极收集，AuNPs 起到等离子基元光敏剂的作用[23]

6.5 基于钙钛矿材料的 OPD 研究

除了上述有机-有机、聚合物-聚合物、有机-无机杂化(含无机纳米量子点)、金属纳米粒子掺杂的有机 PD 器件外,伴随近年来出现的如钙钛矿材料和石墨烯等新型光电子材料和器件,基于这些材料的 OPD 研究也逐渐有论文出现。实际上,任何一种新的研究出现, 不仅说明那个学科正在逐步深入发展, 也会促进相邻学科的进步。如伴随无机光探测已经深入基础和应用研究,有机聚合物 PD 器件也引起了人们的广泛关注, 以便克服无机体系的不足和扩展新的探测功能。同样, 有机聚合物光伏也是在无机光伏基础上发展起来的。更令人振奋的是,早期在无机薄膜 EL 和 LED 基础上发展起来的有机发光二极管(OLED),已经大部分取代了无机薄膜 EL, 同时还跻身于小屏幕智能手机的家族中和大屏幕电视的行列中, 并且 OLED 因可制成曲面和响应速度快等优势而打入市场。

本章节拟重点讨论基于材料、石墨烯和新的器件设计等的 OPD 研究。

6.5.1 钙钛矿作为光伏材料的发现及其主要结构

为了更深入理解钙钛矿光二极管工作机制,这里首先讨论钙钛矿光伏二极管的工作原理。纯钙钛矿的一般化学式为 AMX_3, 其中 A 和 M 是尺寸不同的两个阳离子,X 是键合在一起的阴离子。理想的立方对称结构含有六配位的 M 阳离子,这个离子被八面体阴离子所环绕, A 阳离子被十四面体配位, 如图 6-31 (a) 和 (b) 所示[24]。

日本 Kojima 等[25]首次将钙钛矿 $CH_3NH_3PbBr_3$ 和 $CH_3NH_3PbI_3$ 作为敏化剂替代传统液态染料敏化电池中的液态染料, 制作出使用固态染料的电池, 其中基于 $CH_3NH_3PbBr_3$ 的器件开路电压达到 0.96 V, 获得功率转换效率分别为 3.8% 和 3.1% 的器件, 后来英国 Snaith 和他的合作者获得了功率转换效率突破 15% 的结果[26,27],这些结果加剧了基于钙钛矿材料 PV 电池的研究热潮。由于钙钛矿薄膜载流子的长寿命和长扩散长度, 在薄膜中表现出低的电荷载流子复合。这些特性表明, 钙钛矿不仅可以制作 PV 电池,也可以用于 PD 器件的设计。这样, 钙钛矿 PD 器件的研究就逐步开展起来, 下面选择几个典型例子予以介绍。

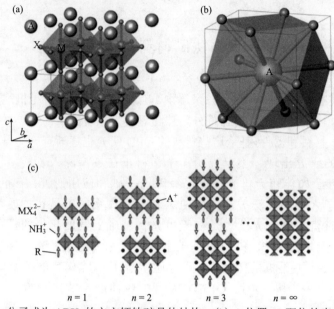

图 6-31　(a) 分子式为 ABX$_3$ 的立方钙钛矿晶体结构；(b) A 位置 12 配位的表示；(c) 分子式为 $(RNH_3)_{n-1}M_nX_{3n+1}$ 的 [100] 取向的杂化钙钛矿系列。晶格随无机厚片的层数(n)而变化，当 n= ∞时趋向于 3D 结构[24]

6.5.2　基于宽光谱响应钙钛矿 PD 器件

Yang 研究组[28]在该组钙钛矿 PV 电池的优秀研究成果的激励下，较早地开展了钙钛矿 PD 的研究，他们采用溶液工艺制作的钙钛矿 PD 器件在室温条件下探测率可达 10^{14} Jones，线性动力学范围超过 100 分贝（dB），在 3 dB 带宽的光响应速度可达 3 MHz。图 6-32 示出了钙钛矿 PD 器件结构、能级图和吸收光谱。可以看出，PD 结构是钙钛矿被夹在 PEDOT：PSS 和 PCBM 中间，类似于该研究组的 PV 电池结构[29]。为了降低该钙钛矿 PD 器件反向偏压下的暗电流，他们使用 BCP 和 PFN 作为空穴阻挡层（HBL），铝作为阴极，制作了三种类型的 PD 器件：没有 HBL 的 PD1、用 BCP 作阴极 HBL 的 PD2 和用 PFN 作阴极 HBL 的 PD3。从图 6-32(c) 可以看出，吸收光谱的最长波位于 780 nm 处，器件在 NIR- UV 光谱区强的吸收主要来源于 $CH_3NH_3PbI_{3-x}Cl_x$，其吸收系数达 10^4 cm^{-1}，而且活性层厚度在 200~600 nm 范围内，超过 300 nm 的厚度就会吸收足够的光子，如图 6-32(d) 所示。作者研究了该钙钛矿 PD 的电流密度-偏压特性，采用 LED 发射的 550 nm 光作光源，图 6-33 示出了在暗处和功率密度为 1 mW/cm^2 的 550 nm 光照射下的 PD 器件的 J-V 曲线、钙钛矿 PD 器件在不同波长下的外量子效率（EQE）和探测率。可以看出，所有器件在光照射下表现出几乎相近的电流密度，说明该器件在很小甚至零偏压下就能正常工作，即如此低的偏压下就能收集电子和空穴。在 550 nm 光照射下，探测率计算值是 3×10^{11} Jones。从图 6-33(a)可以看出，PD3 的暗电流 (J_d) 非常小，在±1V 时具有很好的整流比，在 100 mV 时的探测率高达 8×10^{13} Jones。如果在 0 mV 计算，得到的探测率高达 4×10^{14}，在 0 mV 的暗电流很低，很接近噪声电流。

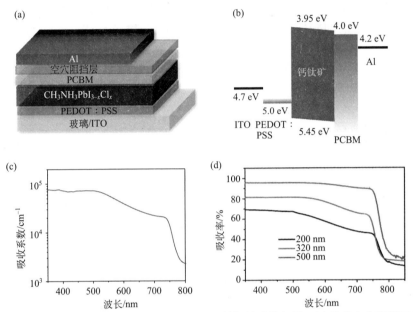

图 6-32　(a)钙钛矿 PD 器件结构；(b)在小偏压下的钙钛矿能级图；(c)没有空穴阻挡层(HBL) 和 Al 电极的钙钛矿 PD 器件的 UV-Vis 吸收光谱；(d)不同活性层厚度的吸收光谱，对于 300 nm 厚度的薄膜，几乎大于 70%的光子能够被吸收[28]

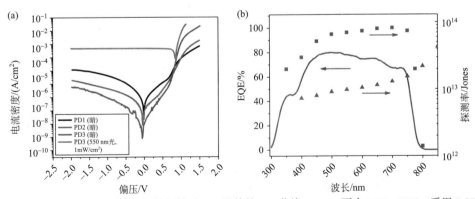

图 6-33　(a)含有和不含 HBL 的钙钛矿 PD 器件的 J-V 曲线，PD1：不含 HBL，PD2：采用 BCP 作为 HBL，PD3：采用 PFN 作为 HBL。(b)钙钛矿 PD 器件在不同波长下的外量子效率(EQE) 和探测率[28]

另外，该作者观察到，PEN 在钙钛矿-PD 器件中起到了良好的 HBL 作用，那是因为，在 PCBM 和 Al 电极之间的界面形成了防止空穴注入而又增加电子注入的偶极层，这个偶极层提供了很高的电场，类似于 PEN 在 OPV 器件中所起的作用。这就解释了与 PD1 和 PD2 相比为什么 PD3 的正向偏压注入能够被增加[图 6-33(a)]。此外，根据 PD3 在不同波长下的光探测率和 EQE 数据，该作者得出，PD3 器件的光响应位于 300～800 nm 区间，在波长为 350～750 nm 区间内的最大 EQE 为 80%[图 6-33(b)]，探测率在 100 mV 时接近 10^{14} Jones，比 Si 探测率高约一个量级[图 6-33(b)]。上述钙钛矿 PD 优良性能的获得主要归因于以下几点：①在反向偏压下具有相当低暗电流；②界面 HBL 的使用保证了相应载流子的阻挡作用，避免了漏电流的产生，又因复合电流小，导致了暗电流降低，这些是半导体材料和异质结二极管的固有特性。为了进一步理解上述机制，作者将暗的 J-V 曲线与实际获得的暗的饱和电流密度进行了拟合（J_0 参数直接与带-带热发射和复合速率有关），如图 6-34 所示。可以看出，作者研制的钙钛矿 PD3 器件具有很低的 J_0(1.5×10^{11} mA/cm^2)，远远低于无机 PD 二极管的 J_0[30]。如此低的 J_0 可以解释为何 PD3 具有高的光探测能力。除了上述参数外，响应速度是另外一个重要的 PD 参数，作者使用 LED 的 550 nm 的脉冲光照射 PD 器件，测量了 PD3 的响应速度，结果如图 6-35 所示，输入脉冲信号的上升和衰减位于几纳秒范围之内，这个结果与单晶 Si 二极管很相似。图 6-35 (a) 是在零偏压和约 10 μW/cm^2 光照强度下瞬间光电流和作为参比的 Si 二极管器件光响应（100 kHz 脉冲频率）。从图 6-35(a) 可以得到 0.01 cm^2 面积的器件的上升时间是 180 ns（最大输出信号从 0% 到 70% 的变化），衰减时间为 160 ns。 0.1 cm^2 的器件上升和衰减时间都是约 600 ns。

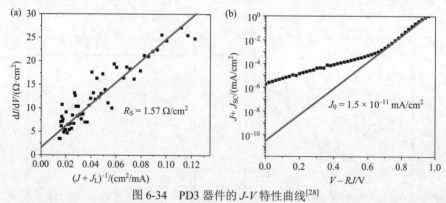

图 6-34　PD3 器件的 J-V 特性曲线[28]

器件结构ITO/PEDOT：PSS/CH$_3$NH$_3$PbI$_{3-x}$Cl$_x$/PCBM/PFN/Al。(a) dV/dJ 与 $(J+J_L)^{-1}$ 的关系曲线和线性拟合；(b) $J+J_{SC}$ 与 $V-RJ$ 的关系曲线及其线性拟合。两个拟合都位于对应的 V_{OC} 附近，J_0 的计算值为 1.5×10^{-11} mA/cm^2

从图 6-35 (b) 可以清楚地看出，小面积 PD 器件响应速度快，并达到了最大值的 80% 左右，而面积大的 PD 器件响应速度相对较慢。由图 6-35(c) 可以看出，当器件面积从 0.01 cm² 增加到 0.1 cm² 时，3 dB 带宽从 2.9 MHz 降到 0.8 MHz。这样可以得出如下结论，作者的钙钛矿 PD 器件的响应速度比纯有机、量子点和其他杂化 PD 器件都要高。一般认为，噪声等效功率(noise equivalent power，NEP)是衡量 PD 器件品质的重要因素，那是因为这个参数是代表探测器能够区分信号和噪声的最小光学功率，噪声等效功率与探测率(detectivity，D^*)成反比，可以表示为

$$NEP = \frac{(Af)^{1/2}}{D^*} = \frac{i_n}{R}$$

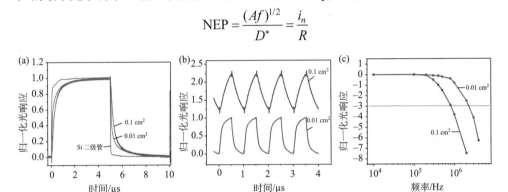

图 6-35　器件面积为 0.1 cm²、0.01 cm²，脉冲频率为 100 kHz(a) 和 1 kHz(b) 时的瞬态光电流响应，以及钙钛矿 PD 的频率响应(c)[28]

(a) 中为了便于比较也给出了 Si 二极管的瞬间光电流响应

为了计算钙钛矿 PD(PD3)NEP 值，用锁相放大器测量该器件的噪声电流，在不同频率和不同暗电流下的噪声电流分别如图 6-36(a) 和 (b) 所示。由该图可知，由于存在较大的暗电流，在较高的频率和大的偏压时噪声电流降低，要比 Si-PD 二极管小一个数量级。在 550 nm 时，钙钛矿 PD 的 NEP 计算值为 4.6×10^{-12} W，在 700 nm(−100 mV，3 kHz)时，NEP 计算值为 4.2×10^{-12} W。可见，对于钙钛矿 PD 器件，要获得小的噪声电流必须保证 NEP 值是小的。总之，可以得出以下结

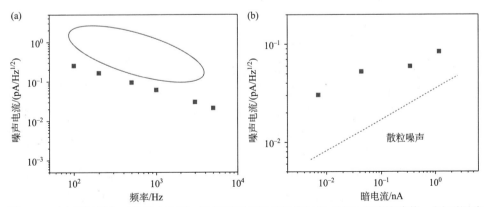

图 6-36　(a) 不同频率下的噪声电流，椭圆形表示已经报道过的 Si-PD 噪声电流值；(b) 不同暗电流下的噪声电流，在图中也绘出了散粒噪声，以便比较[28]

论，基于结构为 $CH_3NH_3PbI_{3-x}Cl_x$ 的钙钛矿之所以能够给出这么高的 PD 性能，主要是因为充分发挥了这种钙钛矿特殊的光学和电子学的特性以及精巧的界面设计。该作者获得的钙钛矿的 PD 探测性能对于钙钛矿其他光电子器件的开拓也有指导意义。

6.5.3　基于无滤光片的窄带红、绿、蓝光响应的钙钛矿 PD 二极管

一般 PD 被分成宽带和窄带响应两种，这取决于光谱响应窗口。上面讨论的是基于钙钛矿材料的宽光谱响应高 PD 性能的光探测器件，接下来要描述的是针对窄带光谱的光探测能力的钙钛矿 PD 器件。这种波长选择的 PD 二极管，用于成像视觉和计算机视觉技术以及环境监测、通信和生物传感领域。为了获得窄带光谱响应，对于无机 PD 体系，一般是先制成宽光谱带响应，再采用分光棱镜或采用光学滤光片来实现。但是采用这样技术，会增加结构的复杂性和成本，因图像像素的减少导致了图像分辨率的降低。如果用具有宽吸收带普通有机半导体材料的分光，会导致内量子效率的降低，这是因为电荷传输特性会降低[31]。而且，电荷收集的窄化还依赖于材料的光学带隙、吸收和电学传输特性。这些一直制约着红外和近红外有机半导体的应用。于是，Lin 等[32]报道了窄带红、绿、蓝 PD 二极管，这些光二极管带宽(指光谱半高宽：full width at half maximum，FWHM)小于 100 nm。采用有机卤化物钙钛矿材料和混合卤化铅半导体实现了电荷收集窄化。即该作者通过改变半导体中卤化物混合比例，或者通过添加大分子到钙钛矿薄膜中形成复合结的方法获得了两个吸收带。最后的结果是，其光二极管的光学和电学传输特性可同时得到调控并实现了对应全可见光-近红外波段的窄带光响应。下面分别讨论作者为实现 FWHM＜100 nm 的窄带红、绿、蓝光二极管所开展的工作。

1. 光二极管的电荷收集研究

首先探讨 Armin 等[31]报道的电荷收集窄化的工作原理。所谓电荷收集窄化(charge collection narrowing, CCN)，是指在厚的体异质结(BHJ)上的 CCN，目的是获得窄带有机 PD, CCN 器件工作是基于窄化电荷收集效率获得期望的光谱区。也就是说，光谱半高宽小于 100 nm、可见盲区红外和近红外 PD，即使采用厚的结，缺陷密度也会被降低，暗电流也明显地被降低。

这里重申了有关 CCN 光二极管的电流限制问题，约 100 nm 范围内可以精确调节。作者根据文献[31]的 CCN 概念制作了最简单光二极管结构，其中光活性层(结)位于阳极(ITO/PEDOT：PSS)和 C_{60}/LiF/Ag 复合阴极之间，PEDOT：PSS 和 C_{60} 分别是典型的空穴和电子收集材料，可以抑制有机体系的暗电流，在如此简

单的器件结构中，由于这个结是光学和电学上的"厚"，换言之，这个结具有光学的高密度和长的传送时间，使得 CCN 得以实现。这个猜想结构的原理如图 6-37 所示。

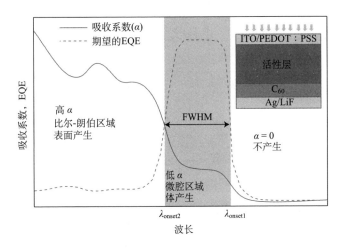

图 6-37　CCN 光二极管的工作原理

本图为具有高的和低的吸收（α）区确定厚度活性层的吸收系数剖面。在高吸收区，光吸收和载流子主要产生在透明电极附近，作者称此为"表面产生"。这个"表面产生"会增加复合、减少电荷收集系数 η_{coll}，这是由非常不平衡的电子和空穴传输所致。而在低的吸收区，微腔效应会明显影响厚结的光吸收，载流子产生在活性层的体积之内（即"体产生"）。通过操控 η_{coll}，即内量子效率（IQE），可以获得更合适的 EQE。通过调节高的 α 吸收和低的 α 吸收（即开关波长），可以调控 FWHM。插图：简单同质结光二极管结构，其中，光活性层被阴极和阳极界面层夹在中间，虚线表示预期的 EQE 范围，实线表示吸收系数。左侧区域：载流子表面产生；中间区域：微腔范围即载流子体产生；右侧区域：不产生载流子[32]

2. 窄带红光敏感的有机卤化物钙钛矿光二极管

基于上述基本原理，作者将罗丹明-B（Rhodamine B）与 $CH_3NH_3PbI_{3-x}Br_x$ 结合在一起，制作窄带红光二极管，其光响应波长位于 600~700 nm 之间（分别定义为 λ_{onset2} 和 λ_{onset1}，参见图 6-37 中间虚线与阴影部分），700 nm 为吸收截止波长，对应的钙钛矿摩尔比为 1：0.5：0.5 的 (MAI)：PbI_2：$PbBr_2$。图 6-38 示出了红光窄带 CCN 二极管的工作机制和性能。图 6-38 表示具有不同结厚度的红光窄带 CCN 二极管的 EQE 和在不同光色的光照射时，具有相近的辐射度（约 50 mW/cm²）下的电流密度-偏压（J-V）曲线。从图 6-38(a) 可以看出，最厚结的器件的光响应带最宽，因为通过增加结厚度，表面产生的和体产生的载流子多数被收集，这就导致在短波处的 EQE 低；从图 6-38(b) 可以得出，所有 J-V 曲线的填充因子均约为 50%，这表明了长寿命载流子具有相近的载流子传输效率。

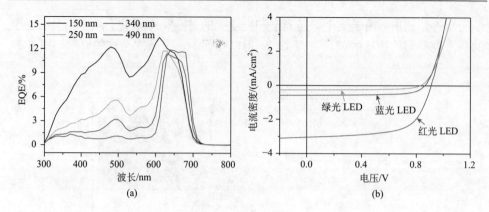

图 6-38　(a)具有不同结厚度的红光窄带 CCN 二极管的 EQE，反向偏压为–0.5 V；(b)在不同光色光照射下，具有相近的辐射度(约 50 mW/cm^2)下的电流密度-偏压(J-V)曲线[32]

3. 蓝光和绿光窄带光二极管

前面的红光窄带响应光二极管的原理可以扩展到可见光谱的蓝绿光谱区，如何寻找可以给予适宜的和可以调节的起始吸收边并控制结的复合动力学问题也会遇到同样的挑战。罗丹明-B 吸收边位于约 630 nm 处，明显不适合蓝绿光二极管器件，所以作者采用 80%乙氧基化的聚乙烯亚胺 (PEIE)获得了适宜的复合薄膜特性。用在红光二极管中的罗丹明-B 和绿光、蓝光二极管的聚乙烯亚胺之间有一定的差异。也就是说，对于 PEIE 情况，它的吸收边可以单独通过改变钙钛矿半导体的卤化物比例来调节，PEIE 仅在 UV 区有吸收，所以对光学不起作用，而在操控结晶尺寸和无序程度方面起作用，结果是控制结的电学特性可以实现 CCN。含有 PEIE 和 CH$_3$H$_3$PbI$_x$Br$_{3-x}$ 或者 PbI$_x$Br$_{2-x}$ 的优化的薄膜都具有高的介电常数(分别约为 35 和 19)，作者预测到，这些材料的结合将会呈现大的非激子电荷产生的物理现象，因此会更适合同质结。所以蓝、绿光二极管也可以采用具有相同结构的红光二极管的方法进行优化。表 6-2 汇总了最后的红蓝绿(RBG)光二极管的适宜的罗丹明-B 和 PEIE 的浓度、卤化物比例和结的厚度以及静态特性。

表 6-2　最后 RBG 光二极管的典型的有机成分浓度、组成和结厚度[32]

光二极管	有机成分	有机成分浓度/wt%	分子式	结厚度/nm
红光	罗丹明-B	~7	CH$_3$NH$_3$PbI$_2$Br	500~600
绿光	聚乙烯亚胺	~0.75	CH$_3$NH$_3$PbIBr$_2$	500~600
蓝光	聚乙烯亚胺	~0.75	PbI$_{1.4}$Br$_{0.6}$	400~500

　　总之，作者通过一系列的工作得出，不必用滤光片的红绿蓝光响应光谱半高宽小于 100 nm，而且该系列 PD 器件采用有机卤化物钙钛矿或混合的铅卤化物作为活性层，溶液工艺制备容易实现。这种 PD 二极管的活性膜的光学和电学特性可以通过加入有机成分来操控。两个吸收的开始位置可以通过调节半导体带隙和选择复合薄膜的有机成分来确定。

6.5.4　红外盲-可见光敏感的钙钛矿光探测研究

　　前面讨论了宽光谱带响应、窄带响应和波长选择的钙钛矿光探测研究，本部分主要讨论对红外光不敏感但对可见光敏感的钙钛矿 PD[33]，科研人员之所以选择这个方向进行研究主要是基于以下理由。Si-光二极管作为光探测器存在某些不足，如 Si 半导体的带隙为 1.1 eV，可以响应近红外光(NIR)，这个 NIR 对于 PD 二极管来说是降低探测图像质量的光学噪声源，减少 Si-光二极管的 NIR 噪声源，导致结构复杂化同时增加成本。如采用低 NIR 吸收的宽带隙的量子点(QD)可见光 PD 二极管[34]，线性动力学范围(linear dynamic ranges, LDRs)会降低(小于 60 dB)，比无机 Si-光二极管的(大于 200 dB)低，瞬时频率响应会降低（在−3 dB 时小于 100 Hz）等。由于有机卤化铅钙钛矿具有低的结合能，是多晶直接带隙半导体，具有大的静态介电常数(40~70)，这样电荷的迁移率很高，能带宽度可调(1.6 eV)。基于上述原因，目前有机卤化铅钙钛矿广泛用于光伏电池，正如前面描述的那样。但是要将有机卤化铅钙钛矿用于 OPD 还存在些问题，如大的有效结面积会产生次生的电容和暗电流，此外高效电池需要大的薄膜结晶，但这会导致 PD 器件的粗糙度和漏电流增加等问题。作者为了解决钙钛矿的这些问题，提出了该研究工作。主要采用比较厚的 n-型有机半导体的富勒烯 C_{60} 和 $PC_{60}BM$ 作为电子传输界面层，这层可以操控器件的电光特性，实现整个结的电容、暗电流和频率响应而又不降低线性动力学范围。图 6-39 示出了有机卤化物钙钛矿($CH_3NH_3PbI_3$)的各种性能：从 XRD 和 SEM 结构可以看出，$CH_3NH_3PbI_3$ 表现出很强的结晶程度和取向，从 SEM 图案可以看出该结晶尺寸小于 100 nm；图 6-39(b)示出了四种不同 PD 二极管的结构，它们的阳极和阴极都是 ITO/PEDOT：PSS 和 Ag/LiF。所有的钙钛矿同质结厚度近似为 180 nm，富勒烯界面层起到促进电子收集并在反向偏压下阻挡空穴注入、抑制暗电流的作用；由图 6-39(c)可以看出，薄的富勒烯没有完全覆盖多晶钙钛矿结，作者同时观察到在−0.5V 时较高反向偏压的暗电流密度($10^{-5}A/cm^2$)。采用厚的 $PC_{60}BM$(类型 2)或 C_{60}(类型 3)导致了暗电流的明显减小，类型 4 器件的暗电流最低，接近于测量的限度。这表明，$PC_{60}BM$ 和 C_{60} 作为单独电子传输/空穴阻挡层对于钙钛矿实现了完全的覆盖，导致了漏电流的大幅度减小。从图 6-39(d)得出，四种类型器件的 EQE 在 350~750 nm 波长范围内都

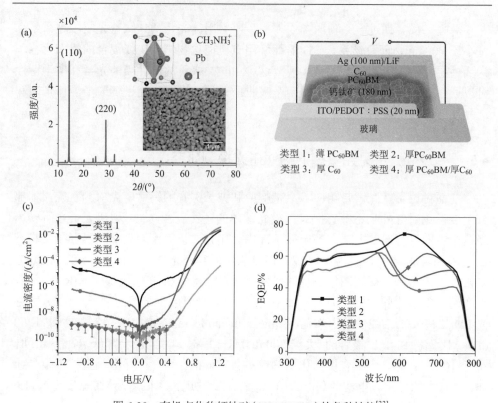

图 6-39　有机卤化物钙钛矿(CH₃NH₃PbI₃)的各种性能[33]

(a)在 ITO/PEDOT：PSS 表面溶液工艺制作的有机卤化物钙钛矿薄膜的 XRD 图案，插图是结晶结构；(b)四种不同 PD 结构的卡通片：类型 1 具有薄(10 nm)的 PC₆₀BM 层，类型 2 具有厚(50 nm)的 PC₆₀BM 层，类型 3 具有厚的 C₆₀ 层，类型 4 具有 50 nm PC₆₀BM /130 nm C₆₀ 层；(c)扫描速率为 1 mV/s 的暗电流密度-电压(J-V)特征；　(d)在 120 Hz 条件下测得的四种类型 PD 的典型的 EQE-波长曲线

高达 50%～70%，这个特性很适宜对可见光的探测。类型 4 器件除了具有低的暗电流外，还有高的、宽可见光谱带的 EQE，好的 LDR，高的探测能力，低的噪声因数和高的频率响应。值得注意的是，LDR 对于图像传感是特别重要的参数。在 UV-Vis 光谱范围的探测率大于 10^{12}Jones，接近 Si-光二极管，而且在 IR 光谱区没有任何响应。

6.5.5　与钙钛矿 PV 电池集成在一起的可自供电的钙钛矿 PD 二极管

　　Li 研究组[35]报道了一种可自供电的钙钛矿 PD 二极管，同时把这个器件集成在一起实现光探测，可在小于 1.0 V 下工作而不要求外加电源。图 6-40 给出了钙钛矿 PD 在 350～850 nm 内不同波长的光响应，可以看出该钙钛矿 PD

器件具有宽的光谱响应。图 6-41 示出了自供电系统的原理，可以看出，该集成系统是由能量转换单元、光敏单元和电的测量系统构成。作为能量转换单元，钙钛矿 PV 电池在 AM1.5（100 mW/cm²）光照射下给 PD 二极管提供 0.93 V 的电压，用白光对 PD 二极管进行周期间歇的照射，这个能量会使得钙钛矿 PD 器件对白光产生快速稳定的响应，上升时间、衰减时间和开关比分别为 2.2 s、0.3 s 和 173。 这表明作者的这个工作与外加功率的普通 PD 器件很近似。

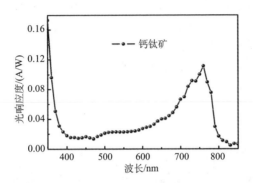

图 6-40　该作者的钙钛矿 PD 对 350～850 nm 波段光的响应情况[35]

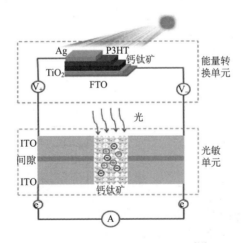

图 6-41　自供电系统的原理图[33]

　　为了提高 PD 器件的稳定性和耐久性，作者用原子层沉积技术把超薄的 Al₂O₃ 沉积在钙钛矿表面，使其工作寿命得到大大提高。

　　总之，作者研制的集成钙钛矿 PV 电池和 PD 器件的可自己提供电能的 PD 二极管，由于不需要外加电源，有望成为低能消耗的便携式 PD 二极管。

　　作为利用器件本身功率工作的另外一个例子是 Casaluci 等[36]报道的钙钛矿

PD 二极管，PD 器件的原理性结构和照片如图 6-42 所示，图 6-43 给出了作者的 PD 器件的能级排列和 $CH_3NH_3PbI_3$ 钙钛矿的吸收光谱。图 6-44 示出了 EQE-波长曲线（EQE 表示的是在给定波长 λ 下，在电极处收集的电荷和入射到活性层材料的光子的比例），以及在不同波长下的探测率和光响应度，光响应度是由测得的光电流和暗电流计算得出的。可以看出，在 300～800 nm Vis-NIR 区器件具有高 EQE 值，这是宽谱带 PD 器件所需要的，因为能够增加光电转换能力。光响应度 （responsivity, R，单位 A/W）是一个直接与 EQE 相关的参数，表示在给定波长下每瓦入射光辐射获得的光电流强度。探测率（Jones 或 $cm \cdot Hz^{1/2}/W$）表示探测弱信号的能力。光响应度和探测率的计算请参看文献 [10]。在光照射时在钙钛矿活性层会产生电子和空穴，然后两者分别到达电子传输层和空穴传输层，最后被传输到阴极和阳极，

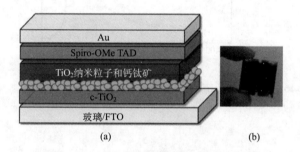

图 6-42　PD 器件的原理性结构 (a) 和照片 (b) [36]

(a) 中 Spiro-OMe TAD 在此用作空穴传输层，FTO 是该器件的阳极，c-TiO_2 是黏合剂

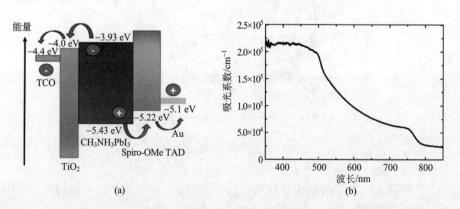

图 6-43　(a) 形成 PD 二极管的材料能级排列，向左和向右的箭头分别表示在光照射下钙钛矿活性层分解出的电子和空穴向阴极和阳极侧迁移过程；(b) $CH_3NH_3PbI_3$ 钙钛矿的吸收光谱[36]

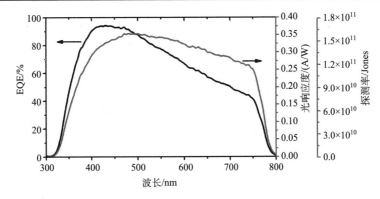

图 6-44　零偏压下的 EQE-波长曲线和光响应度以及 PD 二极管的光探测能力[36]

这是因为在钙钛矿活性层中电子和空穴具有长的扩散长度。最后得到了不需要外加电源的钙钛矿 PD 二极管,该 PD 器件的 EQE 响应范围为 300~800 nm,光响应度在 500 nm 处为 0.35 A/W,优于 Si-光二极管。另外,该 PD 二极管在 0 V 时的噪声电流小于 1 pA /Hz$^{1/2}$,要比 Si-光二极管小一个数量级。这表明作者的具有自供电结构的 PD 二极管能提供可达 10^{11} Jones 的探测率。

6.6　基于石墨烯的 PD 二极管

6.6.1　石墨烯材料的电子结构和载流子传输

石墨烯(graphene)是在 2004 年被英国曼彻斯特大学的 Geim 和 Novoselov 发现的,他们采用简单的机械剥离技术获得了单层石墨烯并研究了石墨烯的电学特性[37],两人也因“在二维石墨烯材料的开创性实验”共同获得 2010 年诺贝尔奖物理学奖。Avouris 评述了石墨烯的电子、光子特性及其器件[38],根据这个评述,本节汇总了与本章相关的石墨烯光电特性。

石墨烯的 π 电子结构提供了理想的 2D 体系:厚度仅为单个原子大小,与普通的 2D 体系不同,它的 π 和 π* 电子态相互间不发生作用,这种结构直接决定了石墨烯的物理和化学修饰及其测量。由碳原子以 sp^2 杂化轨道组成的六角形蜂巢状晶格平面薄膜如图 6-45(a)所示,每个单元具有 2 个碳原子,这就导致了相当好的能带结构如图 6-45(b)所示。根据图 6-45(a)和(b)可以推测出,π 电子态形成价带,π*电子态形成导带,这两个带在六个点处接触成为所谓的狄拉克点或中性点。在狄拉克点接触表明石墨烯的带隙为零,所以一般认为,石墨烯属于零带隙半导体,这是因为在狄拉克点附近的能带结构是对称的,石墨烯的电子和空穴是独立的，会表现出相同的特性。这样就使得石墨烯的载流子迁移率高、电导率高以及可以做得很薄。

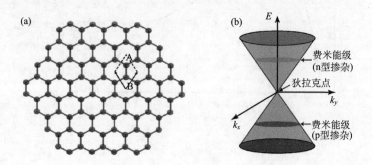

图 6-45　(a)石墨烯的六角蜂巢状晶格平面结构，每个六角蜂巢单元具有 A 和 B 两种原子；(b)低的能带结构，两个锥形体在狄拉克点接触，费米能级位置决定了掺杂和传输载流子的性质[38]

6.6.2　纯石墨烯的 PD 二极管

石墨烯具有相当高的载流子迁移率和超宽波带吸收的窗口[39-41]，这样，在石墨烯中光生载流子的产生和传输与具有带隙的半导体很不相同，与 Bao 等[42]在2012 年报道的石墨烯 PD 器件的光吸收在石墨烯产生电子-空穴对的基本原理大致相同，电子-空穴在复合之前载流子的寿命可达皮秒[43]，电子-空穴对在外场作用下可以分离并传输，产生可被探测的光电流。光伏和光热效应在石墨烯中都会产生光电流，光伏响应取决于内建电场的存在，因为内建电场可以加速光生载流子向电极传输。早期研究表明，工作波长可以扩展到 300 nm～6 μm，石墨烯 PD器件可以用于高速光通信，在这个工作中，他们把金属电极交叉地沉积在石墨烯的顶部以扩展光探测范围，同时还可以缩短载流子的传输长度[44]。对于只是石墨烯的体系，当施外偏压时，光激发下暗电流比较高，特别是在低光子入射能时对红外光和太赫兹的探测就会导致小的光电流增益，石墨烯小的能隙有助于抑制暗电流。他们应用具有不同掺杂效应的不对称金属电极，使得在石墨烯通道内部的内建电场下降，最后测得了最大光电流。结果测得了 1550 nm 波长的调制光信号的 16 GHz 的 3 dB 带宽[44]。原则上，石墨烯 PD 能够以超过 500 GHz 的速度工作，这个速度不受限于载流子的传输时间，但是受限于器件的 RC(电路)时间常数。依据高达 6.1 mA/W 的光响应度和高达几十千赫兹的光响应带宽，可以推测上述工作原理仅归因于光伏效应。但是基于一般单纯石墨烯材料的器件受到光吸收和探测灵敏度的限制[45]，Zhang 等[46]研制的纯石墨烯 PD 二极管的光响应度比以前的结果提高了 2～3 个数量级, 而且他们的纯石墨烯 PD 器件制作工艺简单, 还可以制成大的尺寸。通过在石墨烯中引进电子陷阱中心、通过能带结构工程使石墨烯产生带隙, 单个纯石墨烯 PD 三极管获得了从可见(532 nm)到中红外(约 10 μm)的宽谱带、高光响应度 PD 二极管。作者提出了一种获得高光导增益的详细物理图像的手段, 他们把石墨烯片引到石墨烯-量子点(graphene-quantum dot, GQD)的阵列结构中, 这样缺陷中间能隙态带(midgap state band, MGB)的电子陷阱中心在 GQD 的边界和表面上形成。

6.6.3　石墨烯-钙钛矿杂化的 PD 二极管

由于石墨烯 PD 二极管制作工艺复杂、吸收带宽较小和光探测灵敏度较低, 而钙钛矿(甲胺卤化铅, 如 $CH_3NH_3PbX_3$, X = 卤素原子)纳米晶具有直接带隙、大的吸收系数、高的载流子迁移率, 这样就赋予它们高的光吸收, 因而钙钛矿广泛用于有机光伏器件。另外, 钙钛矿纳米晶的制作工艺极为简单, 有望降低成本。Lee 等[47]报道了新的杂化 PD 器件, 图 6-46(a)示出了作者研制钙钛矿-石墨烯杂化 PD 器件的原理性结构, 基板是 SiO_2/Si, 重掺杂的 Si 片和热生长的 300 nm SiO_2 层被分别用作栅电极和介电层, 在 SiO_2 上的硅醇基起到表面陷阱作用, 用正十

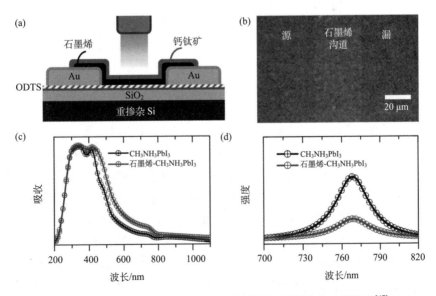

图 6-46　钙钛矿-石墨烯杂化 PD 器件的原理性结构和光学特性[47]

(a)钙钛矿-石墨烯杂化 PD 器件的原理性结构; (b)钙钛矿-石墨烯杂化 PD 器件的光学显微镜图像; (c)纯钙钛矿薄膜和钙钛矿-石墨烯杂化薄膜 UV-Vis 吸收光谱; (d)在 532 nm 光激发下的纯钙钛矿薄膜和钙钛矿-石墨烯杂化薄膜的 PL 光谱

八烷基三甲氧基硅烷(ODTS)作为表面调节剂会使硅醇基减少，在基板上 Au 源电极和漏电极通过热蒸发工艺实现，$CH_3NH_3PbX_3$ 层被旋涂在石墨烯层表面上，获得了表面不平整的褶皱薄膜，其界面包括低谷深度为 100 nm 谷区、高峰高度为 480 nm 峰区。在石墨烯表面上的钙钛矿的光学显微镜图像示于图 6-46(b)，图 6-46(c)示出了纯的钙钛矿和石墨烯-钙钛矿杂化体系的 UV-Vis 吸收光谱。可以看出，尽管杂化体系在 λ= 800 nm 的光吸收不受石墨烯的影响，但是钙钛矿在 λ < 800 nm 时光吸收强，图 6-46(d)示出了钙钛矿薄膜的和石墨烯-钙钛矿杂化薄膜的稳态 PL 光谱，在相同条件下，PL 峰都为 768 nm，但是，杂化样品的 PL 量子效率要低于纯的钙钛矿，即 PL 量子效率被石墨烯猝灭了 65%。

　　基于图 6-46 示出的钙钛矿和钙钛矿-石墨烯杂化薄膜和器件的比较结果，就吸收光谱而言，钙钛矿-石墨烯杂化体系的比钙钛矿高得多，PL 量子效率前者比后者低得多，可以预测，钙钛矿-石墨烯杂化 PD 器件会获得高的光探测性能。最后的结果是，把石墨烯和钙钛矿各自的优点整合在一起，即把石墨烯的宽吸收带和钙钛矿纳米晶的高吸收截面导致的大的光电流和超高两量子效率结合在一起，研制出从石墨烯到钙钛矿的电荷转移的高性能杂化的 PD 二极管。这种器件由石墨烯和 $CH_3NH_3PbX_3$ 钙钛矿构成，它的光响应度为 180 A/W(约 10^9 Jones)，光响应光谱位于 800~400 nm 之间，外量子效率为 $5×10^4$%。

　　Wang 等[48]报道了 $MAPbI_3$ 钙钛矿和纳米晶石墨烯(nanocrystalline graphene, NCG)杂化复合物的 PD 器件($MAPbI_3$-NCG PD)，前面已经讨论的钙钛矿用作 PD 器件的情况，即有机-无机杂化技术，常常被用于研究 PD 器件[49]。业已证明，杂化的半导体在无机-有机界面上的有效载流子分离和传输方面具有优势[50]，但是，石墨烯氧化物添加量对那些杂化器件性能的影响还是有些不清楚。同时，光响应度也不像其他报道的那样高[51,52]。为了克服上述不足，作者把 NCG 颗粒引入钙钛矿复合物中，考察 NCG 对溶液工艺的钙钛矿 PD 器件性能的影响，具体实验结果如下。图 6-47(a)给出了四个不同 NCG 含量的薄膜样品的光吸收。可见杂化薄膜比纯的钙钛矿薄膜吸收都低，特别是 NCG 含量大于 0.3%时，光吸收降低得更多。作者认为可能是 NCG 量的增加导致了钙钛矿前驱体的憎水性降低，这个假设由图 6-47(c)和(d)不同接触角的测量得到了证明。从图 6-47(b)可以看出，钙钛矿和钙钛矿-NCG 杂化物的结晶性能明显不同。

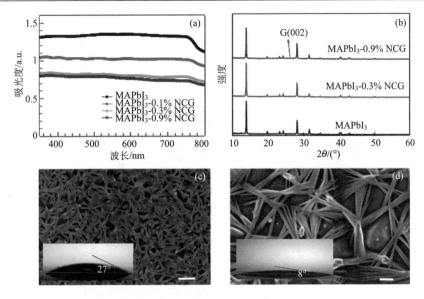

图 6-47　(a) 钙钛矿和纳米晶石墨烯-钙钛矿杂化层对不同波长的吸收和 (b) XRD 图案，(c) 纯钙钛矿的扫描电镜 (SEM) 图，(d) 含不同 NCG 的钙钛矿 SEM 图，插图是钙钛矿前驱体和含有 NCG 钙钛矿与玻璃的接触角，比例尺为 50 μm[48]

　　该作者还进行了钙钛矿与钙钛矿-纳米晶石墨烯 (NCG) 杂化体的性能比较研究，如钙钛矿和钙钛矿-NCG 的光响应度、PL 强度、开/关光响应、器件的光电流上升和衰减时间等的区别，最后获得的主要结果是：对于杂化的 PD 器件，可以通过调节器件沟道程度来进一步提高 PD 性能。对比纯的钙钛矿薄膜，杂化的薄膜的 PL 明显得到猝灭，同时，随着 NCG 在钙钛矿中含量的增加，活化能降低，同时光导提高。最后获得了高性能 PD 器件，比纯钙钛矿器件的开/关比增加很多，同时延迟时间缩短。在 500 nm 波长时，$MAPbI_3$-NCG PD 器件的最高光响应度为 795 mA/W，几乎是纯 $MAPbI_3$ PD 器件 (408 mA/W) 的两倍。

　　上面描述的是钙钛矿与石墨烯纳米晶体杂化的 PD 器件，下面将要讨论的是 Kwak 等[53] 报道的石墨烯与钙钛矿纳米晶 (NC) 杂化 PD 器件。这一工作是基于钙钛矿 NC 杂化 PD 器件存在的不足，尽管 $CsPbX_3$(X=Cl、Br、I) 钙钛矿 NC 带隙在室温下容易通过阴离子交换效应来调节，$CsPbX_{3-x}I_x$ 钙钛矿 NC 比探测率达到了 10^{12} Jones[54]，而且 $CsPbX_{3-x}I_x$ 钙钛矿 NC 光电流开关比达到 10^5，但是 $CsPbX_{3-x}I_x$ 钙钛矿 NC 薄膜的载流子迁移率还比较低[55]，石墨烯却具有高达约 200 000 $cm^2/(V \cdot s)$ 的载流子迁移率，使得它与钙钛矿 NC 的杂化增强了载流子传输性能。这样，作者就提出了石墨烯与 $CsPbBr_{3-x}I_x$ NC 杂化研究思路，目标是提高光响应灵敏度。图 6-48 示出了石墨烯与 $CsPbBr_{3-x}I_x$ NC 杂化 PD 器件结构示意图。这个 PD 器件是从石墨烯鳞片剥离下来的，两个石墨烯片机械地放在 Si/SiO$_2$ 基板上而制成的。源电极和漏电极通过电子束蚀刻而成。CsPbBr$_{3-x}$I$_x$ NC 是通过作者的成熟技术——阴离子交换工艺制成的。

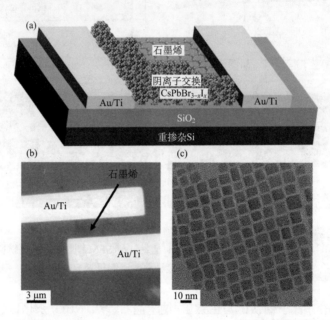

图 6-48　(a) 石墨烯与 CsPbBr$_{3-x}$I$_x$ NC 杂化 PD 器件结构；(b) 石墨烯器件的光学图像；(c) CsPbBr$_{3-x}$I$_x$ NC 的透射电镜图像，CsPbBr$_{3-x}$I$_x$ NC 具有立方形貌，尺寸约为 10 nm[53]

图 6-49 (a) 示出了在 1V (V_{DS}，漏-源电压，drain-source voltage) 下纯石墨烯和石墨烯-CsPbBr$_{3-x}$I$_x$ NC PD 器件的转换曲线在暗处和光照时随着 V_{GS} (栅-源电压，gate-source voltage) 的变化。发现在转换曲线中，纯石墨烯的狄拉克点位于 16V (V_{GS})，这是由 p 型掺杂石墨烯器件在制作工艺中的氧化所致。在石墨烯器件中，狄拉克点的变化起源于掺杂行为。CsPbBr$_{3-x}$I$_x$ 被沉积在石墨烯表面上之后，作为 n 型石墨烯器件的狄拉克点会从 16V (V_{GS}) 移向−48V (V_{GS})，这种杂化石墨烯的狄拉克点的变化归因于从 CsPbBr$_{3-x}$I$_x$ NC (较高费米能级) 到石墨烯 (较低费米能级) 的电子转移过程。因为这样可以满足这种杂化器件界面处的平衡条件。在这里，两种不同材料接触形成的内建电场的作用会产生势垒，并产生有利于电子和空穴从 CsPbBr$_{3-x}$I$_x$ NC 向石墨烯转移的通路。当 $V_{GS} < V_{Dirac}$ 时，杂化器件的掺杂效应在照射时会导致正的光电流，$I_p = I_{光} - I_{暗}$；当 $V_{GS} > V_{Dirac}$ 时，掺杂效应会导致负的光电流，$I_p = I_{暗} - I_{光}$，具体如图 6-49 (b) ～ (d) 所示。

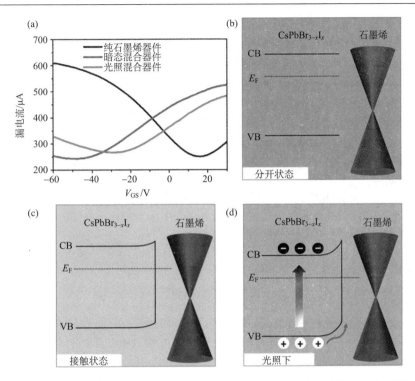

图 6-49　(a) 石墨烯 PD 和杂化石墨烯 PD 在暗处和光照时漏电流的转移曲线；(b) 石墨烯 PD 和石墨烯-CsPbBr$_{3-x}$I$_x$ NC PD 在分开状态时的能级图；(c) 和 (d) 石墨烯-CsPbBr$_{3-x}$I$_x$ NC PD 在接触状态下的暗处 (左) 和光照下 (右) 的能级图，在光照时，空穴从钙钛矿的价带向石墨烯价带移动，电子被陷获在因能带弯曲形成的载流子上[53]

　　另外，该作者也获得了作为 PD 器件的主要品质因素——高达 10^8A/W 的光响应度。同时，该作者还进行了转换电流随着栅-源电压变化与光学功率密度的关系研究，发现由于入射光的密度增加，狄拉克点移向更正的值，最后产生较高的光电流。另外，该作者还使用作为衡量 PD 器件品质因素的探测率 (D^*) 来表征有意义光学信号。他们假定，来自直流的散粒噪声 (short noise) 是噪声的主要来源。计算出的纯石墨烯探测率 D^* 为 2.4×10^{16} Jones，石墨烯-CsPbBr$_{3-x}$I$_x$ NC PD 的 D^* 比纯石墨烯高出 3 个数量级，这个结果归因于石墨烯载流子的快速传输和 CsPbBr$_{3-x}$I$_x$ NC 的高吸收特性的结合。同时作者还对石墨烯-CsPbBr$_{3-x}$I$_x$ NC PD 开关等特性进行了详尽研究。

　　总之，该作者研制的石墨烯与 CsPbBr$_{3-x}$I$_x$ NC 的杂化 PD 器件具有高的光响应灵敏度，这是由于石墨烯载流子传输速度的增加。在波长 405 nm、照射功率为 0.07 μW/cm^2 时，杂化 PD 器件光响应度为 8.2×10^8 A/W。但是该杂化 PD 器件仍存在慢达几秒的上升和衰减时间，为了解决这个问题，作者期望通过针对杂化石墨烯-量子点器件的配位效应进行深入研究。

参 考 文 献

[1] 李文连. 有机光电子器件的原理、结构设计及其应用. 北京: 科学出版社, 2009: 152-180.

[2] Peumans P, Yakimov A, Forrest S R. Small molecular weight organic thin-film photodetectors and solar cells. J Appl Phys, 2003, 93: 3693-3723.

[3] Morimume T, Kajii H, Ohmori Y. Photoresponse properties of a high-speed organic photodetector based on copper-phthalocyanine under red light illumination. IEEE Photonic Tech L, 2006, 18: 2662-2664.

[4] Memisoglu G, Varlikli C. Highly efficient organic UV photodetectors based on polyfluorene and naphthalenediimide blends: Effect of thermal annealing. Int J Photoenergy, 2011, 2012: 1-11.

[5] Zafar Q, Aziz F, Sulaiman K. Eco-benign visible wavelength photodetector based on phthalocyanine-low bandgap copolymer composite blend. RSC Adv, 2016, 6: 13101-13109.

[6] Yao K, Intemann J J, Yip H L, et al. Efficient all polymer solar cells from layer-evolved processing of a bilayer inverted structure. J Mater Chem C, 2014, 2: 416-420.

[7] Wang J B, Li W L, Chu B, et al. Visible-blind ultraviolet photo-detector using tris-(8-hydroxyquinoline) rare earth as acceptors and the effects of the bulk and interfacial exciplex emissions on the photo-responsivity. Org Electron, 2010, 11: 1301-1306.

[8] Morteani A C, Sreearunotha P I, Herz L M, et al. Exciton regeneration at polymeric semiconductor heterojunctions. Phys Rev Lett, 2004, 92: 247402-247408.

[9] Morteani A C, Anoop A S, Friend H, et al. Barrier-free electron-hole capture in polymer blend heterojunction light emitting diodes. Adv Mater, 2003, 15: 1708-1713.

[10] Gong X, Tong M H, Xia Y J, et al. High-detectivity polymer photodetectors with spectral response from 300 nm to 1450 nm. Science, 2009, 325: 1665 -1667.

[11] Xu W L, Wu B, Zheng T, et al. Förster resonance energy transfer and energy cascade in broadband photodetectors with ternary polymer bulk heterojunction. J Phys Chem C, 2015, 119: 21913-21920.

[12] Wu S H, Li W L, Chu B, et al. High performance small molecule photodetector with broad spectral response range from 200 to 900 nm. Appl Phys Lett, 2011, 99: 23305-23308.

[13] Najafov H, Lee B, Zhou Q, et al. Observation of long-range exciton diffusion in highly ordered organic semiconductors. Nat Mater, 2010, 9: 938-943.

[14] Alvesl H, Pinto R M, Macaos E S. Photoconductive response in organic charge transfer interfaces with high quantum efficiency. Nat Commun, 2013, 4: 1-7.

[15] Wu S H, Lo M F, Chen Z Y, et al. Simple near-infrared photodetector based on charge transfer complexes formed in molybdenum oxide doped N,N'-di (naphthalene-1-yl) -N,N'-diphenyl-benzidine. Phys Status Solidi RRL, 2012, 6: 129-131.

[16] Semaltianos N G, Maximova K A, Aristov A I, et al. Nanocomposites composed of P3HT:PCBM and nanoparticles synthesized by laser ablation of a bulk PbS target in liquid. Colloid Polym Sci, 2014, 292: 3347-3354.

[17] Guo F W, Yang B, Yuan Y B, et al. A nanocomposite ultraviolet photodetector based on

interfacial trap-controlled charge injection. Nat Nanotechnol, 2012, 7: 798-802.

[18] Gocalińska A, Saba M, Quochi F, et al. Size-dependent electron transfer from colloidal PbS nanocrystals to fullerene. J Phys Chem Lett, 2010, 1: 1149-1154.

[19] Mallows J , Planells M, Thakare V, et al. p-Type NiO hybrid visible photodetector. ACS Appl Mater Interfaces, 2015, 7: 27597-27601.

[20] Wang X F, Song W F, Liu B, et al. High-performance organic-inorganic hybrid photodetectors based on P3HT：CdSe nanowire heterojunctions on rigid and flexible substrates. Adv Funct Mater, 2013, 23: 1202-1209.

[21] Afify H A, El-Nahass M M, Gadallah A S, et al. Carrier transport mechanisms and photodetector characteristics of Ag/TiOPc/p-Si/Al hybrid heterojunction. Mat Sci Semicon Proc, 2015, 39: 324-331.

[22] Uddin A, Yang X. Surface plasmonic effects on organic solar cells. J Nanosci Nanotechnol, 2014, 14: 1099-1119.

[23] Luo X, Du L L, Wen Z W, et al. Remarkably enhanced red-NIR broad spectral absorption via gold nanoparticles: Applications for organic photosensitive diodes. Nanoscale, 2015, 7: 14422-14433.

[24] Gao P, Gratzel M, Nazeeruddin M K. Organohalide lead perovskites for photovoltaic applications. Energy Environ Sci, 2014, 7: 2448-2463.

[25] Kojima A, Teshima K, Shirai Y, et al. Organometal halide perovskites as visible-light sensitizers for photovoltaic cells. J Am Chem Soc, 2009, 131: 6050-6051.

[26] Lee M M, Teuscher J, Miyasaka T. Efficient hybrid solar cells based on mesosuperstructured organometal halide perovskites. Science, 2012, 338: 643-647.

[27] Eperon G E, Burlakov V M, Docampo P, et al. Morphological control for high performance, solution-processed planar heterojunction perovskite solar cells. Adv Funct Mater, 2014, 24: 151-157.

[28] Dou L T, Yang Y, You J B, et al. Solution-processed hybrid perovskite photodetectors with high detectivity. Nat Commun, 2014, 5: 1-6.

[29] You J, Hong Z, Hong Yang Y M, et al. Low-temperature solution-processed perovskite solar cells with high efficiency and flexibility. ACS Nano, 2014, 8: 1674-1680.

[30] Hegedus S S, Shafarman W N. Thin-film solar cells: Device measurementsand analysis. Prog Photovolt Res Appl, 2004, 12: 155-176.

[31] Armin A, Jansenvan Vuuren R D, Kopidakis N, et al. Narrowband light detection via internal quantum efficiency manipulation of organic photodiodes. Nat Commun, 2015, 6: 6343-6351.

[32] Lin Q Q, Armin A, Burn P L, et al. Filterless narrowband visible photodetectors. Nat Photonics, 2015, 9: 687-695.

[33] Lin Q Q, Armin A, Lyons D M, et al. Low noise, IR-blind organohalide perovskite photodiodes for visible light detection and imaging. Adv Mater, 2015, 27: 2060-2064.

[34] Konstantatos G, Clifford J, Levina L, et al. Sensitive solution-processed visible-wavelength photodetectors. Nat Photonics, 2007, 1: 531-534.

[35] Lu H, Tian W, Cao F G, et al. A self-powered and stable all-perovskite photodetector-solar cell

nanosystem. Adv Funct Mater, 2016, 26: 1296-1302.

[36] Casaluci S, Cin A L, Matteocci F, et al. Fabrication and characterization of mesoscopic perovskite photodiodes. IEEE T Nanotechnol, 2016, 15: 256-260.

[37] Novoselov K S, Geim A K, Morozov S V, et al. Electric field effect in atomically thin carbon films. Science, 2004, 36: 666-669.

[38] Avouris P. Graphene: Electronic and photonic properties and devices. Nano Lett, 2010, 10: 4285-4294.

[39] Xia F, Mueller T, Golizadeh-Mojarad R, et al. Photocurrent imaging and efficient photon detection in a graphene transistor. Nano Lett, 2009, 9: 1039-1044.

[40] Mueller T, Xia F, Avouris P. Graphene photodetectors for high-speed optical communications. Nat Photonics, 2010, 4: 297-301.

[41] Xia F, Mueller T, Lin Y, et al. Ultrafast graphene photodetector. Nat Nanotechnol, 2009, 4: 839-843.

[42] George P A, Strait J, Dawlaty J, et al. Ultrafast optical-pump terahertz-probe spectroscopy of the carrier relaxation and recombination dynamics in epitaxial graphene. Nano Lett, 2008, 8: 4248-4251.

[43] Mueller T, Xia F, Freitag M, et al. Role of contacts in graphene transistors: A scanning photocurrent study. Phys Rev B, 2009, 79:245-430.

[44] Bao Q L, Loh K P. Graphene photonics, plasmonics, and broadband optoelectronic devices. ACS Nano, 2012, 6: 3677-3692.

[45] Mueller T, Xia F, Avouris P. Graphene photodetectors for high-speed optical communications. Nat Photonics, 2010, 4 :297-301.

[46] Zhang Y Z, Liu T, Meng B, et al. Broadband high photoresponse from pure monolayer graphene photodetector. Nat Commun, 2013, 4: 1-11.

[47] Lee Y B, Kwon J, Hwang E, et al. High-performance perovskite-graphene hybrid photodetector. Adv Mater, 2015, 27: 41-46.

[48] Wang Y, Xia Z G, Du S N, et al. Solution-processed photodetectors based on organic-inorganic hybrid perovskite and nanocrystalline graphite. Nanotechnology, 2016, 27: 175201-175207.

[49] Wang X, Song W, Liu B, et al. High-performance organic-inorganic hybrid photodetectors based on P3HT:CdSe nanowire heterojunctions on rigid and flexible substrates. Adv Funct Mater, 2013, 23: 1202-1209.

[50] Spina M, Lehmann M, Náfrádi B, et al. Microengineered $CH_3NH_3PbI_3$ nanowire/graphene phototransistor for low-intensity light detection at room temperature. Small, 2015, 11: 4824-4828.

[51] Hu X, Zhang X, Liang L, et al. High-performance flexible broadband photodetector based on organolead halide perovskite. Adv Funct Mater, 2014, 24: 7373-7380.

[52] Deng H, Yang X, Dong D, et al. Flexible and semitransparent organolead triiodide perovskite network photodetector arrays with high stability. Nano Lett, 2015, 15: 7963-7969.

[53] Kwak D H, Lim D H, Ra H S, et al. High performance hybrid graphene-$CsPbBr_{3-x}I_x$ perovskite nanocrystal photodetector. RSC Adv, 2016, 6: 65252-65256.

[54] Sutherland B R, Johnston A K, Ip A H, et al. Sensitive, fast and stable perovskite photodetectors exploiting interface engineering. ACS Photonics, 2015, 2: 1117-1123.

[55] Talapin D V, Lee J S, Kovalenko M V, et al. Prospects of colloidal nanocrystals for electronic and optoelectronic applications. Chem Rev, 2009, 110: 389-458.

缩略语简表

略　语	全　称	中　文
A	acceptor	受体
Alq$_3$	tris-(8-hydroxyquinoline) aluminium	三-(8-羟基喹啉)铝
AMOLED	active-matrix organic light-emitting diodes	有源矩阵有机发光二极管
BCP	2,9-dimethyl-4,7-diphenyl-1,10-phenanthroline	2,9-二甲基-4,7-二苯基-1,10-菲咯啉
BHJ	bulk heterojunction	体异质结
BNDI	N,N-bis-n-butyl-1,4,5,8-naphthalenediimide	N,N-双正丁基-1,4,5,8-萘二酰亚胺
Bphen	4,7-diphenyl-1,10-phenanthroline	4,7-二苯基-1,10-菲咯啉
BPPC	N,N'-bis(2,5-di-$tert$-butylphenyl)-3,4,9,10-perylene dicarboximide	N,N'-双(2,5-二叔丁基苯基)-3,4,9,10-苝二酰亚胺
B3PYMPM	4,6-bis[3,5-di(pyridin-3-yl)phenyl]-2-methylpyrimidine	4,6-二[3,5-二(吡啶-3-基)苯基]-2-甲基嘧啶
CBP	4,4′-bis(N-carbazolyl)-1,1′-biphenyl	4,4'-二(N-咔唑)-1,1′-联苯
CCN	charge collection narrowing	电荷收集窄化
CCT	correlated color temperature	相关色温
CDCB	carbazolyl dicyanobenzene	咔唑基间苯二腈
CE	current efficiency	电流效率
CIE	Commission Internationale de L'Eclairage	国际照明委员会
CRI	color rendering index	显色指数
C545T	10-(2-benzothiazolyl)-2,3,6,7-tetrahydro-1,1,7,7-tetramethyl-1H,5H,11H-[1]benzopyropyrano[6,7,8-i,j]quinolizin-11-one	10-(2-苯并噻唑基)-2,3,6,7-四氢-1,1,7,7-四甲基-1H,5H,11H-[1]苯并吡喃[6,7,8-i,j]喹嗪-11-酮〔香豆素 545T〕
CT	charge transfer	电荷转移
CTE	charge transfer exciton	电荷转移激子
CuPc	phthalocyanine copper	酞菁铜
D	donor	给体
DCJTB	4-(dicyanomethylene)-2-$tert$-butyl-6-(1,1,7,7-tetramethyljulolidine-4-yl-vinyl)-4H-pyran	4-(二氰基亚甲基)-2-叔丁基-6-(1,1,7,7-四甲基久洛尼定-4-基-乙烯基)-4H-吡喃
DCM	4-(dicyanomethylene)-2-methyl-6-(p-dimethyl-aminostyryl)-4H-pyran	4-(二氰基亚甲基)-2-甲基-6-(对-二甲基氨基苯乙烯基)-4H-吡喃
DDAF	3,11-diphenylamino-7,14-diphenylacenaphtho[1,2-k]fluoranthene	3,11-二苯基氨基-7,14-二苯基苊并[1,2-k]荧蒽
DF	delayed fluorescence	延迟荧光
DPEPO	bis[2-(diphenylphosphino)phenyl] ether oxide	二[2-((氧代)二苯基膦基)苯基]醚
DPTPCz	3-(4,6-diphenyl-1,3,5-triazin-2-yl)-9-phenyl-9H-carbazole	3-(4,6-二苯基-1,3,5-三嗪-2-基)-9-苯基-9H-咔唑

EA	electron affinity	电子亲和势
EL	electroluminescence	电致发光
EML	emitting layer	发光层
EQE	external quantum efficiency	外量子效率
ETL	electron transport layer	电子传输层
F8BT	poly(9,9′-dioctylfluorene-*co*-benzothiadiazole)	聚(9,9′-二辛基芴-共-苯并噻二唑)
F$_{16}$CuPc	copper hexadecafluorophthalocyanine	全氟酞菁铜
FF	fill factor	填充因子
FIrpic	bis-[2-(4,6-di-fluorophenyl)pyridinato-*N,C*$^{2′}$]picolinate iridium(III)	双-[2-(4,6-二氟苯基)吡啶-*N,C*$^{2′}$]吡啶甲酸铱(III)
FWHM	full width at half maximum	半高宽
Gdq	tris-(8-hydroxyquinoline) gadolinium	三-(8-羟基喹啉)钆
GEHP	geminate electron-hole pair	孪生电子-空穴对
GQD	graphene-quantum dot	石墨烯-量子点
HBL	hole block layer	空穴阻挡层
HJ	heterojunction	异质结
HLCT	hybrided local charge transfer	杂化局域电荷转移
HOMO	highest occupied molecular orbital	最高占据分子轨道
HTL	hole transport layer	空穴传输层
IC	internal conversion	内转换
IP	ionization potential	离化能
Ir(2-phq)$_3$	tris(2-phenylquinoline) iridium(III)	三(2-苯基喹啉)铱(III)
Ir(piq)$_3$	tris(1-phenyl-*iso*-quinoline) iridium(III)	三(1-苯基异喹啉)铱(III)
Ir(ppy)$_3$	tris(2-phenylpyridine) iridium(III)	三(2-苯基吡啶)铱(III)
ISC	intersystem crossing	系间窜越
ITO	indium tin oxide	氧化铟锡
LDRs	linear dynamic ranges	线性动力学范围
LE	locally excited	局域激发
LED	light emitting diodes	发光二极管
LSPR	localized surface plasmon resonance	局域表面等离子体共振
LUMO	lowest unoccupied molecular orbital	最低未占据分子轨道
mCP	1,3-bis(carbazol-9-yl)benzene	1,3-二(咔唑-9-基)苯
m-MTDATA	4,4′,4″-tris[(3-methylphenyl)phenylamino]triphenylamine	4,4′,4″-三[(3-甲基苯基)苯氨基]三苯胺
MADN	2-methyl-9,10-di(2-naphthyl)anthracene	2-甲基-9,10-二(2-萘基)蒽
MGB	midgap state band	中间能隙态带
NC	nanocrystalline	纳米晶
NCG	nanocrystalline graphene	纳米晶石墨烯
NEP	noise equivalent power	噪声等效功率
NIR	near infrared	近红外
NPB	*N,N*′-bis(naphthalen-1-yl)-*N,N*′-bis(phenyl)-benzidine	*N,N*′-二(萘-1-基)-*N,N*′-二苯基-联苯胺

NPs	nanoparticles	纳米粒子
NR	non-radiative (transition)	非辐射(跃迁)
ODTS	*n*-octadecyltrimethoxysilane	正十八烷基三甲氧基硅烷
OLED	organic light emitting diodes	有机发光二极管
OPD	organic photodetector	有机光探测器
OPV	organic photovoltaic (solar cell)	有机光伏(太阳电池)
PBD	2-(4′-*tert*-butylphenyl)-5-(4′-biphenylyl)-1,3,4-oxa-diazole	2-(4′-叔丁基苯基)-5-(4′-联苯基)-1,3,4-噁二唑
PC	polycarbonate	聚碳酸酯
$PC_{70}BM$	[6,6]-phenyl-C71-butyric acid methyl ester	[6,6]-苯基-C71-丁酸甲酯
PCBM, $PC_{60}BM$	[6,6]-phenyl-C61-butyric acid methyl ester	[6,6]-苯基-C61-丁酸甲酯
PCDTBT	poly[*N*-9″-hepta-decanyl-2,7-carbazole-alt-5,5-(4′,7′-di-2-thienyl-2′,1′,3′-benzothiadiazole)]	聚[*N*-9″-庚癸基-2,7-咔唑-交替-5,5-(4′,7′-二-2-噻吩基-2′,1′,3′-苯并噻二唑)]
PCE	power conversion efficiency	功率转换效率
PD	photodetector	光探测器
PDDTT	poly[5,7-bis(4-decanyl-2-thienyl)thieno[3,4-*b*]di-thiazole-thiophene-2,5]	聚[5,7-二(4-癸基-2-噻吩基)噻吩并[3,4-*b*]二噻唑-噻吩-2,5]
PDI	perylene-3,4,9,10-tetracarboxydiimide	苝-3,4,9,10-四羧基二酰亚胺
PEDOT∶PSS	poly(3,4-ethylenedioxythiophene)∶poly(styrene sulfonate)	聚(3,4-亚乙二氧基噻吩)∶聚(苯乙烯磺酸盐)
PEIE	polyethylenimine ethoxylated	乙氧基化的聚乙烯亚胺
PF	prompt fluorescence	快速荧光
PFB	poly(9,9-dioctylfluorene-*co*-bis-*N*,*N*′-(4-butylphenyl)-bis-*N*,*N*′-phenyl-1,4-phenylenediamine)	聚(9,9-二辛基芴-共-二-*N*,*N*′-4-丁基苯基-二-*N*,*N*′-苯基-1,4-苯二胺)
PFE	poly(9,9-dioctylfluorenyl-2,7-yleneethynylene)	聚(9,9-二辛基芴基-2,7-亚基乙炔撑)
PFN	poly({9,9-bis[3′-(*N*,*N*-dimethylamino)propyl]-2,7-fluorene}-alt-2,7-(9,9-dioctylfluorene))	聚({9,9-双[3′-(*N*,*N*-二甲基氨基)丙基]-2,7-芴}-交替-2,7-(9,9-二辛基芴))
PHJ	panel heterojunction	平面异质结
P3HT	poly(3-hexylthiophene-2,5-diyl)	3-己基取代聚噻吩
PL	photoluminescence	光致发光
PO-T2T	(1,3,5-triazine-2,4,6-triyl)tris(benzene-3,1-diyl)tris(diphenylphosphine oxide)	(1,3,5-三嗪-2,4,6-三基)三(苯-3,1-二基)三(氧化二苯基膦)
PTB7	poly{4,8-bis[(2-ethylhexyl)oxy]benzo[1,2-*b*∶4,5-*b*′]dithiophene-2,6-diyl-alt-3-fluoro-2-[(2-ethylhexyl)carbonyl]thieno[3,4-*b*] thiophene-4,6-diyl}	聚{4,8-双[(2-乙基己基)氧基]苯并[1,2-*b*∶4,5-*b*′]二噻吩-2,6-二基-交替-3-氟-2-[(2-乙基己基)羰基]噻吩并[3,4-*b*]噻吩-4,6-二基}
PTCDI-C8	*N*,*N*′-dioctyl-3,4,9,10-perylenedicarboximide	*N*,*N*′-二辛基-3,4,9,10-苝二甲酰亚胺
3P-T2T	(1,3,5-triazine-2,4,6-triyl)tris(benzene-3,1-diyl)tris(1*H*-pyrazol)	(1,3,5-三嗪-2,4,6-三基)三(苯-3,1-二基)三(1*H*-吡唑)
PVK	poly(*N*-vinyl carbazole)	聚(*N*-乙烯基咔唑)
Pyr_TCF	(*E*)-2-{3-cyano-5,5-dimethyl-4-[2-(pyren-1-yl)vinyl]furan-2(5*H*)-ylidene}malononitrile	(*E*)-2-{3-氰基-5,5-二甲基-4-[2-(芘-1-基)乙烯基]呋喃-2(5*H*)-亚基}丙二腈
RE	rare earth	稀土

RISC	reverse intersystem crossing	反向系间窜越
Rubrene	5,6,11,12-tetraphenyl-naphthacene	5,6,11,12-四苯基并四苯 〔红荧烯〕
SEM	scanning electron microscopy	扫描电子显微镜
Spiro-OMe TAD	2,2′,7,7′-tetrakis(N,N-di-4-methoxyphenylamino)-9, 9′-spirobifluorene	2,2′,7,7′-四(N,N-二-4-甲氧基苯基氨基)-9,9′-螺二芴
STA	singlet-triplet annihilation	单重态-三重态湮灭
TADF	thermally activated delayed fluorescence	热活化延迟荧光
TAPC	di-[4-(N,N-ditolyl-amino)-phenyl]cyclohexan	二-[4-(N,N-二甲基苯基氨基)-苯基]环己烷
TAZ	4-phenyl-3,5-bis($tert$-butylphenyl)-1,2,4-triazole	4-苯基-3,5-双(叔丁基苯基)-1,2,4-三唑
TBPCA	tri[9-(4-butylphenyl)carbazol-3-yl]amine	三[9-(4-丁基苯基)咔唑-3-基]胺
TCDI-C8	$N,N′$-dioctyl-3,4,9,10-perylenetetracarboxylic diimide	$N,N′$-二辛基-3,4,9,10-苝四甲酰二亚胺
TCNQ	7,7,8,8-tetracyanoquinodimethane	7,7,8,8-四氰基对醌二甲烷
TCP	1,3,5-tris(carbazol-9-yl)benzene	1,3,5-三(咔唑-9-基)苯
TCPZ	2,4,6-tris[3-(carbazol-9-yl)phenyl]-triazine	2,4,6-三[3-(咔唑-9-基)苯基]-三嗪
TCTA	4,4′,4″-tris(N-carbazolyl)triphenylamine	4,4′,4″-三(N-咔唑基)三苯胺
TEM	transmission electron microscopy	透射电子显微镜
TFB	poly[9,9-dioctylfluorene-co-N-(4-butylphenyl)-di-phenylamine]	聚[9,9-二辛基芴-共-N-(4-丁基苯基)-二苯胺]
THCA	tri(9-hexylcarbazol-3-yl)amine	三(9-己基咔唑-3-基)胺
TiOPc	titanium oxide phthalocyanine	氧钛酞菁
TPA	triplet-polaron annihilation	三重态-极化子湮灭
TPBi	2,2′,2″-(1,3,5-benzenetriol)-tris(1-phenyl-1H-benz-imidazole)	2,2′,2″-(1,3,5-苯三酚)-三(1-苯基-1H-苯并咪唑)
TPD	4,4′-bis(N-m-tolyl-N-phenylamino)-biphenyl	4,4′-双(N-间-甲基苯基-N-苯基氨基)-联苯
TPyPA	4,4,4-trispyrenylphenylamine	4,4,4-三芘基苯胺
TTA	triplet-triplet annihilation	三重态-三重态湮灭
UV	ultraviolet	紫外
VOPcPhO	vanadyl 2,9,16,23-tetraphenoxy-29H,31H-phthalocyanine	氧钒 2,9,16,23-四苯氧基-29H,31H-酞菁
VR	vibrational relaxation	振动弛豫
WOLED	white organic light emitting diodes	白光有机发光二极管
XRD	X-ray diffraction	X 射线衍射
Zn(BZT)$_2$	zinc bis-2-(hydroxyphenyl)benzothiazole	双-2-(羟基苯基)苯并噻唑锌

索 引